高效

世 界 一 流 エ ン ジ ニ ア の

思 考 法

偷懶

『世界一流工程師』都在用的

AI時代思考法

Tsuyoshi Ushio

牛尾剛 著

陳聖傑——譯

野人

前言

拿起這本書的各位，一定對一流工程師的「高效工作心法」感興趣，並想要大幅提升自己的工作效率吧。

我目前在美國華盛頓州西雅圖擔任微軟公司的資深軟體工程師，隸屬於Azure Functions團隊，負責雲端服務的內部架構。全世界都在利用我們的服務來開發軟體的基礎。對於從前的我來說，能夠成為這個團隊的一員，就像是一場夢。

老實說，我並不是「一流工程師」。這不是謙虛，我過去真的是「三流的工程師」。

當然，為了成為「一流工程師」，我不斷努力著，現在能獲得這個職位，並不是因為我的實力雄厚，而是靠著偶然的機運和完成一些小挑戰所累積而來的。

我從小就什麼都做不好、做事「慢半拍」。我非常喜歡電腦，喜歡玩夏普的掌上型電腦和MZ-2500電腦，也會把雜誌上刊登的遊戲程式碼全部抄下來玩，但在做某件事情時，總是要比他人付出多三倍努力才能達到「一般的水準」。

雖然天賦不高，但我從小就十分憧憬成為程式設計師。在日本的第一份工作，我滿懷熱情地說：「我想負責操作UNIX指令」，但沒能如願，最終在業務部門任職了五年。直到某天，我好不容易獲得系統工程師的工作機會，卻發現自己無法編寫程式，度過了一段挫折不斷的日子……。

我在成年後才被診斷為ADHD（注意力不足過動症），這讓我明白了自己長年來笨拙、記憶力差、腦中思緒混亂而疲憊不堪的原因。因此，我一直在研究**如何提高效率以完成自己不擅長的事情**，嘗試做到人們期望的水平。

正因如此，我對大多數人容易忽視的地方，擁有更敏銳的感知力，特別是：初學者容易在哪裡遇到挫折、會在什麼事情上浪費時間，以及如何以更輕鬆的方式「提升基礎能力」並改進問題。

即使我的天資不高，但在累積工作經驗後，也發現自己在某些領域能夠發揮才能，而這些領域主要是「委託他人來完成」的工作。

在二〇〇一年，我接觸到敏捷式（Agile）軟體開發，這種方法能夠飛速提高開發速度，我深受震撼。為了讓自己掌握這項技能，我加入了相關社群，深入學習這個方法。通過累積經驗和成為敏捷式開發的教練，我發現自己從事顧問諮詢、專案管理或是擔任傳播ＩＴ趨勢和技術的「傳教士」（Evangelist）時，能夠成功地組織「委託他人來完成的工作」。我被微軟聘為技術傳教士，並在國際會議上發表了許多演講，獲得了很高的評價。

然而，我在「親自動手創造事物」的工作上卻不太順利。一直以來，我的夢想就是成為「程式設計師」，也多次挑戰程式設計師的工作，但每次都會有人對我說：「牛尾先生，你擁有ＰＭ（專案經理）的天賦，為什麼不專注於這方面？」、「你為什麼不專注做技術傳教士呢？」

但我真正想做的工作，是軟體的創造者「程式設計師」。這份憧憬從未消退。即使知道自己沒有天賦，但我無論如何都想成為程式設計師，也為此付出了許多努力，終於在四十四歲時轉職到微軟，如今我已經在程式設計的核心重鎮——美國，作為少數的日本籍雲端工程師，工作了四年。

我所屬的團隊負責開發全球規模的雲端服務，團隊裡的成員都是名副其實的「世界一流工程師」，他們在享受工作樂趣的同時，不斷推出能夠登上頭條新聞的服務，這種情景給了我無數次的衝擊。

為什麼他們的工作能力如此出色？

事實上，並非所有團隊成員都擁有異常敏捷的思維或天才般的記憶力。主要是他們的**「思維模式」(mindset) 創造了他們的高生產力**。他們壓倒性的卓越表現正是源自於這類思維模式，而非其他小技巧或小訣竅。當我與他們一起工作並理解這項精髓之後，我的工作模式也發生了巨大變化，甚至可以說，我的「人生也因此改變了」。在日本時，我並不是出色的「程式設計師」，**但透過仔細模仿美國同事的思維模式並加以實踐，我終於在作為技術發源地的美國，成為世界頂尖「夢幻團隊」的成員。**對於長年認為自己是三流工程師的我來說，這簡直是奇蹟。

在本書中，我將向大家介紹自己是如何受到一流工程師的思維模式影響，在軟體開發的最前線，技術性地提高工作的品質和效率。

我希望不僅能幫助那些立志成為成功工程師的人，也能幫助那些像我一樣，對自己做事不夠靈活而感到失望的人，以及希望能在全球市場上提升自我價值的人。

從全球視角來審視日本，不僅限於軟體開發領域，日本在許多領域都因「生產效率低下」而遭受「巨大損失」。這不只是數位化轉型（DX）落後的問題，而是生產效率的關鍵——思維模式以及團隊建構——還有很大的改善空間。

這本書的潛在主題是，我希望敏捷式軟體開發、DevOps（一種整合開發〔Dev〕和營運（Ops）的服務）為首的最新技術和流程，在日本的導入速度能提升到與美國相同的水準。在AI引發巨大變革的時代，這是十分緊迫的課題。技術創新刻不容緩。

我特別希望那些目標以國際企業的速度，引進技術的商務人士以及企業，能夠學習西方文化的思維模式，以提高生產效率。

科技工具日新月異、瞬息萬變。然而，實際使用這些工具的還是人類。關鍵在於，人類如何正視科學技術並充分利用。

這本書的核心概念，也可以說是**「在AI時代生存的思考方法」**。

我相信，如果能掌握本書的知識、並充分發揮日本人的優勢，日本在軟體領域一定能大放異彩。書中有許多軟體領域的專業實際案例，但我希望無論哪個行業，都能從中汲取思維模式的精髓，作為提高生產效率的啟發。

願這本書能幫助大家更接近自己的「夢想」！

目錄

第2章 美國的工作思維模式

——在日本時沒注意到的事情

第3章

讓大腦游刃有餘的資訊整理與記憶術

——才華洋溢同事的工作祕訣

第4章

溝通的奧祕
——如何表達、詢問、討論

第5章 建立「僕人式領導」與「自組織團隊」提高生產力

第6章

提升工作和生活品質的習慣養成術

——從「時間箱」到鍛鍊身體

第7章

如何在AI人工智慧時代生存？

——擺脫「批判文化」，培養迅速應變的能力

第1章

世界一流工程師為何與眾不同？

——高生產力的祕密

「高生產力」的差異

我加入微軟 Azure Functions 雲端服務開發團隊後，首先感到驚訝的是團隊壓倒性的「高生產力」。**而且並非少數成員表現出色，而是整個團隊的基礎生產力異常高。**

在開發方法上，美國的職場不存在日本那樣的「標準」規則，而是所有成員都具備電腦科學的知識，每個人都能「自主」思考、採取行動以及決策。

在微軟的雲端服務中，有一個稱為「入口網站」的網站圖示，只需要點擊圖示並命名，就可以輕鬆獲得程式運作環境。以前，光是架設伺服器就需要耗費半年的時間，現在卻能在無伺服器的情況下，開發應用程式或建立網路服務（WEB服務）。

從用戶的角度來看，這些「圖示」非常簡單，但背後卻是非常複雜、被稱為「微服務」的小型系統集合體。這是全球大型企業都在使用的平台，一旦停止運行，會對各企業的系統產生巨大影響，因此這個系統必須非常可靠。

我在二〇二〇年四月加入微軟團隊後，發現 GitHub（全球程式設計師保存並公開自己編寫的程式碼與設計數據的平台）上公開的部分，只是冰山一角，我對其內部巨大而複雜的結構，感到十分驚訝。

儘管Azure Functions系統如此精巧，每天仍有大量工程師以驚人的速度添加功能、更新功能以及修復錯誤。我在日本系統整合商（SIer，負責系統開發和運用的公司）工作時，絕不會對正在運行的系統大膽地新增或修改功能，但是在微軟，工程師會持續不斷地進行變更。

我突然想起前同事告訴我的一件事。

「加入產品開發團隊後，要做好一年內自己沒有任何貢獻的心理準備」。這是因為微軟產品的內容十分複雜，變化速度也非常快，與周圍的人相比，我的執行速度比較慢，無論做什麼事情都笨拙且耗時。因此，如何將自己的生產力提升至團隊的水準是最緊迫的任務，而**缺乏「自己能夠達成某件事」的感覺，以及低落的自我肯定感，成為我人生中最想解決的問題。**

某次，我有幸與同事保羅共事。保羅是從團隊建立初期就開始架構（資訊系統設計）的成員，也是我遇過最聰明的人。他無論做什麼都很快速、謹慎周到；無論發生什麼問題，都能在短時間內解決，技術能力令人嘆為觀止，還撰寫了多篇關於新架構的論文。

剛開始與他共事時，我的上司（比我高兩級）自豪地對我說：「能和世界一流工程師共事，你一定很開心吧？」我立刻回答：「當然！」保羅就是這樣一位在公司內部備受尊敬的工程師。

保羅的思維比我敏捷，記憶力也比我好，但我也深信「他是我遇過最聰明的人，但這並不表示他的智力是我完全無法企及的。」雖然保羅的能力令人震驚，但我能夠模仿他的思維模式。接下來，讓我們一起來探索他的思維模式吧。

頂尖工程師令人震驚的解決思路

某天，我的程式無法正常運作。雖然我可以自己解決問題，但根據以往的經驗，可能需要耗費幾個小時，甚至幾天才能找到原因。

我想知道保羅會如何思考這個問題，於是邀請他進行「結對開發」（pair programming），結對開發是兩個人共享一台電腦，共同設計程式的方法。這對於學習彼此的技能以及理解共享程式碼的上下文，非常有幫助。我對保羅說：

「我的程式運作得不順利。加上生產力總是不高，我認為可能是因為一些壞習慣，我想學習你是如何處理這些問題的，可以和你進行『結對開發』嗎？」

「我不太確定你想要達成的目標，但沒問題！」

於是，會議開始了。

我先展示了顯示程式問題的「日誌」。日誌是顯示程式內部運作的紀錄，透過查看紀錄可以檢查程式是否正常運作或出現問題。

平時，我在日誌中發現問題後，就會想：「可能是這裡出問題」、「不對，或許是那裡出問題」，接著反覆測試。修改完程式碼後，再把程式上傳到伺服器，嘗試運作，然後再檢查日誌，但更新日誌大概需要十五分鐘左右，所以反覆測試相當耗費時間。

然而，保羅的做法和我完全相反。**他只看第一條日誌，就開始「提出假設」，沒有著手行動。**

他一邊自言自語：「根據日誌，我推測內部發生這種情況的可能性非常高，有鑑於此，應該檢查這個地方……」，一邊啟動瀏覽資料庫的軟體，只寫了一條查詢命令（對系統的命令）。

然後說：「問題應該出在這裡吧？」

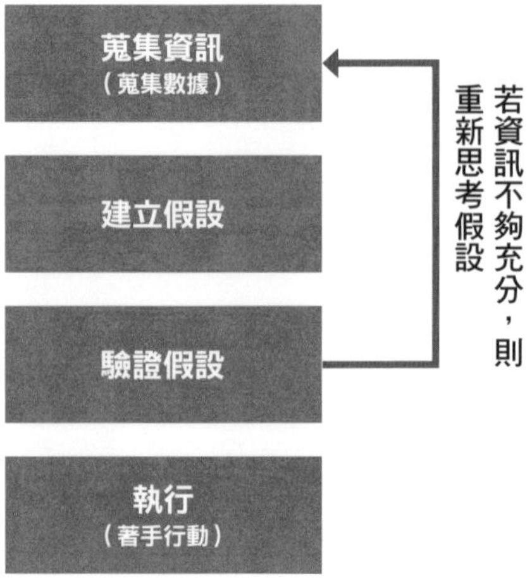

圖 1　著手行動前，先驗證假設

結果顯示，他的查詢精確地指出了我的程式出現問題的根本原因，而且他只動過一次手。

如果是我，則會嘗試多條查詢語句、查看程式碼，耗費好幾個小時來解決問題，保羅卻像施展魔法般，在一瞬間就解決了。

我像是被雷劈到一樣大受衝擊。更可怕的是，保羅對於這個資料庫幾乎沒有經驗，我反而比他還熟悉該程式服務的程式碼。

在軟體開發領域中，有一個說法是：能幹的程式設計師和不能幹的程式設計師，差距是二十五倍。這次的經歷讓我切實地感受到這一點。不過，保羅並沒有做了任何超出人類能力的事情。我想起了同事芭拉曾經說過：

「在解決問題時，不應該直接採取行動、提交各種查詢、反覆試錯，而是應該先查看日誌，推測可能會發生的問題，然後根據推測來提交查詢，來證明自己的假設。」

不要立刻就動手。**首先，要找出事實（數據）↓建立多個假設↓再採取行動證明假設。**

也就是說，與其盲目地反覆試錯，不如先利用腦中的心智模型建立假設，並加以證明。關於如何建立心智模型，我稍後會更詳細敘述。但上述的系列步驟，可以排除隨機嘗試而造成的時間損失，從而獲得壓倒性的生產力。

這讓我意識到，程式設計的生產力其實是「腦力勞動」。根據思考方式的不同，生產力就會有天壤之別。

反覆試錯是「壞事」

在日本，靠自己反覆試錯會得到周圍的人的尊重和讚賞。

但是，對於ＩＴ技術人員來說，反覆試錯是非常糟的。我再舉一個例子。

某次，我短暫返回日本工作，發生了一個奇怪的現象：我在管理日誌的平台上查看日誌文件時，系統看起來完全正常，但在雲端的入口網站（最初顯示的網站）上，卻沒有顯示遙測數據（Telemetry）。

我透過Microsoft Teams與團隊成員分享畫面，向他們展示說：「你們看，沒有顯示遙測數據吧？」奇怪的是，數據卻顯示在入口網站上。但在那之後，我又嘗試了幾次，數據卻還是沒有顯示出來。因此，我再次寫訊息向其他成員求助，他建議：「何不試試看用Fiddler（某個網路監控工具）來分析？」就在那一瞬間，我查看入口網站，發現只有那次顯示遙測數據，彷彿中了詛咒一樣。

於是，我開始反覆試錯，腦中充滿錯綜複雜的想法：是因為發送大量數據包而被截斷嗎？還是入口網站有某種過濾機制？我修改了腳本（一種簡易的程式語言），嘗試只將日誌輸出到文件，並限制腳本只執行幾個特定的模式……我測試了各種方案，試圖解決問題。

然而，經過了整整一天的摸索，**這些反覆試錯都以失敗告終**。突然，我的腦海裡閃過了某位團隊成員的話：「遙測數據有正常輸出喔！」他是用手動測試，而非腳本，因此我也嘗試不使用腳本，改用手動測試。結果，系統完美地運作了。

原來，問題的根源是「腳本」！我終於確定了發生這些奇怪問題的真正原因，並完全解決了問題。

雖然問題解決了，但耗費了一天以上的時間。

現在回想起來，我發現自己花了一整天卻「一無所獲」。**我只是隨機嘗試各式各樣的方案來尋找答案，既耗時又沒有學到新的知識。**

如果下次在相同的情境下遇到相同的問題，我只要記錄解決方法，就能迎刃而解。但如果問題稍有不同，我可能還是會束手無策，甚至需要花費相同的時間來解決問題，這實在太令人沮喪。

特拉斯克是擅長快速解決問題的程式設計師，他建議我不要反覆試錯，而是「使用Fiddler分析看看」。

使用Fiddler的話，只要檢查從Application Insights（Azure監視器）輸出的數據即可。我當時不知道要如何應用，於是打算束手無策時再採用這個方法。

我應該先用Fiddler進行監控，因為只要查看Fiddler，就會知道WSL2端沒有輸出遙測數據。

如果選擇了這條路徑，不僅可以更快找到問題的原因，還可以學習到「結合使用Fiddler和WSL2」的方法。也就是說，這是個學習「在不同情況下都能使用的工具」的機會，不僅限於特定情況，還能提高「未來的生產力」。

這件事讓我深切體會到，隨機的反覆試錯是「壞事」。

即使頭腦聰明，也需要時間「理解」

「不要急著動手。首先建立假設、選定方法，再採取行動」——請以這項鐵則為基礎，來思考如何將高效工程師的思維模式應用於任何事物，以提升「未來生產力」的方法。

有一次，我和兩位年輕同事共進午餐，他們雖然資歷尚淺，但都非常優秀且十分聰明。我們聊到某項新的專案工作。

Azure Functions的團隊結構非常複雜，因此每個微服務都有內部製作的教學影片，這些影片組成一個系列，便於團隊成員學習各個項目。我對於他們如何掌握如此複雜的架構，感到十分好奇。

「唉，即使看影片學習還是很難懂，所以我至少看了十遍，一遍又一遍地看，遇到不懂的地方就停下來做筆記。」

另一位同事也說：「大家果然都是這樣，我也反覆看了好幾遍。」

聽到兩位技術人員不約而同發表相同的評論，讓我大吃一驚。

平時，當我覺得內容太困難，看完一遍無法理解，而且讀不進腦袋裡時，我採取的方法是一邊執行、一邊除錯（實際運行軟體並查看內部狀態的程序），用這種方式一步一步加深理解。我一直以為聰明的人能夠一次就看懂教材，非常羨慕，但事實跟我想的完全不同。

原來，即使再聰明的人，也需要花時間才能理解事物。頭腦聰明的人之所以看起來理解得快，是因為他們花了很多時間累積基礎，在大腦記憶中儲存了已理解內容的上下文（Context）。

我一直認為理解事物需要花時間慢慢掌握，無法一開始就做到完美。此外，我經常焦躁於「必須盡可能提高生產力」、「怎麼做才能更快完成工作」，所以一直把精力集中在產出成果（Outcome）上，然而諷刺的是，**這種「努力更快完成」的心態反而降低我**

的最終生產力。

以程式設計為例，我可以在Stack Overflow（程式設計師的社群交流網站）上查詢資料，並執行類似複製和貼上的操作，來獲得更好的「成果」。但是這種做法每次都要重新查詢，而且因為沒有掌握基本原理，所以很容易出錯，結果導致工作效率更低。現在，使用Bing或是ChatGPT也能夠查詢到解決方案。

然而，如果能夠先「透徹理解」並「加以實踐」，就不需要再上網查詢了。

在理解不充分的情況下，即使努力埋頭苦幹，結果也只是徒勞無功，無法真正掌握知識。在搞不清楚原理的情況下反覆試錯，很容易忘記也不會留在腦海中。

「努力急於更快完成某事」，反而會讓我們離「理解」的本質更遠。

將「花時間理解」付諸實踐

學習歷程中的「理解」究竟是什麼意思？雖然包含多種層面，但我認為「理解的三大要素」為：

- **能夠掌握結構並向他人說明。**
- **能夠隨時隨地立即應用。**
- **能夠靈活運用所學知識。**

舉例來說，當你「理解」某個微服務時，就不只是停留在表面，而是掌握了結構，理解服務的本質，能以簡單易懂且詳細的方式向他人說明。如果面對不同的行業，你也可以從不同的角度來解釋服務內容，或是以舉例的方式說明。

當你從基本結構出發，掌握了知識，那麼即便沒有參考書，你也能隨時隨地直接應用，且應用的範圍很廣泛。不僅可以解決類似的問題，還能拆解複雜的難題，並透過組合這些服務來創造新的產品。

接下來，讓我來具體說明。

有一次，我參加某個研究專案，任務是理解現有架構並進行新架構的概念驗證（PoC, Proof of Concept）。當然，我盡力閱讀了程式碼，並認為自己已經「大致理解」整體架構和行為。

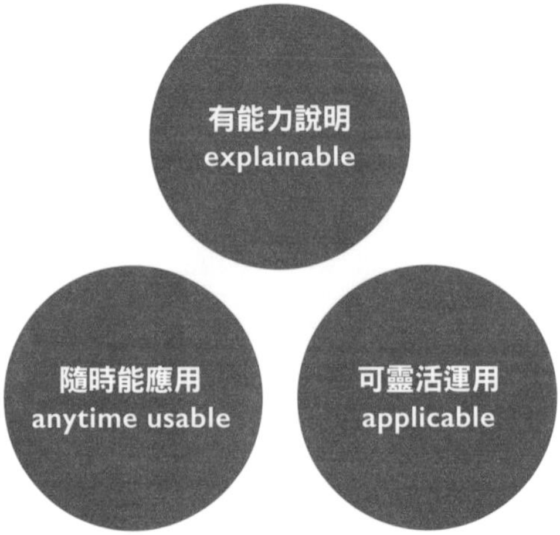

圖 2　理解的三大要素

然而，在與一位沒有讀過程式碼的技術人員討論結構時，我無法回答很多問題，於是我們決定一起讀程式碼。

他理解和閱讀程式碼的速度比我快許多，**即使是看似可以略過的部分，他依然認真花時間寫下樣本的數值，努力充分理解程式碼，而我只是粗略理解：「這裡大概是這樣吧？」**在回到討論之後，他已經準確理解架構，並提出許多想法。

相比之下，我閱讀程式碼的速度很慢，因此只想著如何加快閱讀速度。但是他閱讀程式碼時不只閱讀邏輯，而是深入理解程式碼背後的意圖和架構，也更願意花時間確保自己徹底理解了程式碼。

現在回想起來，我曾經認為程式設計很容易，對於簡單的程式碼，我總認為「這很簡單，馬上就能搞定」。實際上，我雖然能編寫程式，但由於沒有深入理解，所以每次都要依賴Google搜尋，編寫出「大概是這樣吧」的程式碼。我雖然能夠大致完成程式，但因為記不住內容，下一次又需要重複搜尋。換句話說，我是個「依賴Google搜尋的程式設計師」。

微軟的同事即使面對複雜的結構，也能馬上理解，像彈奏鋼琴般流暢地編碼。我在審查他們的程式碼時，雖然偶爾會發現可以改進的地方，但我卻缺乏他們那種「任何人花費時間學習就能掌握的基本功」。

題外話，我在多年來愛好的吉他練習上，也有相同的發現。儘管我已經練習了好幾十年，卻一直「感覺自己不會彈吉他」。有一次，我看到柏克萊音樂學院中的頂尖吉他演奏家Tomo Fujita在一段練習影片中，提到吉他彈不好的人常犯的毛病：

「（這些人）沒有徹底了解節奏，所以只能照著感覺彈。」

他推薦的練習方法其實是許多吉他教科書的經典練習：先放下吉他，用雙手敲出重音，從非常慢的節奏開始，敲出三連音的開頭、中間、結尾的重音。

我感到十分震驚，想著：「原來是這樣啊！」

所有彈過吉他的人都知道這個經典練習，我也認為「我已經會了」，所以從來沒有認真練習，但是當我再次嘗試時，卻發現即使在每分鐘四十拍這麼慢的節奏上，也很難彈得準確。

雖然我能快速彈奏，但因為沒有掌握好節奏，即使是簡單的和弦刷奏，我也無法順暢地演奏出來，也就是說，我沒有掌握到任何人都能做到的「基礎」。**「基礎練習」就是「大家都能做到，但需要花費大量學習時間的事情」。**

透過回歸基礎——「先慢速練習，並配合節拍器」，我多年以來「感覺自己不會彈吉他」的煩惱，逐漸解決了。

花費時間理解基礎，才能掌握複雜的技術

在程式設計上，花費時間理解基礎知識的重要性也是一樣的。只靠模糊的理解用

Google搜尋並編寫程式碼，就像在沒有掌握基礎節奏的情況下，使勁地彈奏吉他一樣。

意識到這一點後，我捨棄了「必須實際編寫程式碼才能理解」的想法，改掉總是「動手先做，事後再理解」壞習慣，開始從基礎重新學習程式設計，並制定了三個作戰計畫：

- **在下班後或是週末學習程式設計的基礎。**
- **學習C#語言的規範。**
- **每天做LeetCode（協助工程師準備編碼面試的學習網站），從最簡單的級別開始。**

每個人每天都只有二十四小時，因此我決定重新分配有限的時間資源，將學習程式設計放在優先順位。如果每天都過相同的生活，就無法解決「程式設計速度太慢、不夠精細」的問題，所以我決定利用空閒時間，用「大家都知道的方法」，從零開始學習程式設計。

假設我現在對C#程式設計一無所知，我應該要從哪裡開始學習呢？可能要從教學課程開始，學習資料類型、關鍵字、類別等基本知識。

我不再輕視「看似容易」的基礎，腳踏實地從頭開始學習。結果發現許多事情我以為自己已經懂了，但其實並沒有完全理解，或是「無法立刻動手編寫程式」。

於是，我不再慌張，也不著急進度，不過度期待，就像是練習吉他的基礎功一樣，逐項仔細閱讀，並編寫程式碼。

以前準備編程面試（在規定時間內解決小型程式設計問題的面試）時，我花了半年時間在LeetCode上刷題，現在我也重新開始，從最簡單的初學者課程入手。

過去，我學習的目的是通過考試，為了考試而學習，因此總是抱持著「只要過關就好」的心態。但現在，我會花更多時間思考每一個問題，想著：「解題成功！那用另一種方法會如何呢？」並嘗試用不同的解法來解答，還會觀察記憶和速度上的差異。

從簡單的事情開始做起，是一件非常有趣的事情。

在工作中，如果遇到看完教學影片還是不理解的地方，我會花時間理解再繼續學習。以前閱讀英文電子郵件時，我習慣快速略過英文句子，但現在則是花時間慢慢讀懂每個細節。

儘管花在文件以及電子郵件上的時間比平時多，但實際看錶時，我發現花費的時間卻比預期得少。而且在沒有付出任何特別努力的情況下，我比從前更了解技術細節以及程式碼的上下文。

以前開會時，我通常只會大致理解自己負責的部分。但現在我有意識地要求自己「嘗試理解」，聽到不懂的英文單字就當場查詢，聽不懂的部分也會再詢問一次。受到同事的影響，我在開會時記錄下不懂的地方，並花時間修改ＡＩ生成的腳本，努力理解內容。

當我養成了「理解需要花費時間」的習慣，不急於求成，而是徹底理解後，我的人生發生了前所未有的變化。以前閱讀程式碼時，我經常記筆記，但現在透過緩慢且深入的理解，我對程式有了百分之百的把握，非常有信心。

在除錯（debug）時，我會仔細觀察日誌，不再略過日誌中的某些項目，**這樣做大大減少了反覆試錯的時間，能更直接解決問題。**

累積事實，不要「憑感覺」判斷問題

當我清楚明白「何謂理解」之後，下一個課題浮現了：如何在編寫程式時，避免「憑感覺」下定論。

以下具體說明。

有一次，我在一個編碼任務中花了大約兩週的時間，多方調查和嘗試，製作出幾種可行的解決方案，在收到團隊成員的評論後，我以為只需要整理所有評論，然後進行合併（整合到軟體的代碼庫中）即可。

這時，有位技術團隊中的成員走過來，說：「很抱歉……我想到了一個比你的解決方案更簡單的做法，所以試著做了一下。」沒想到，他竟然用我一開始嘗試過卻無法成功的做法，巧妙地解決了問題。

我大受打擊，但學習過敏捷式開發（參照48頁專欄）的人，都知道更簡單的解決方案往往是更好的。從某方面來說，**「有勇氣放棄自己的程式碼」**十分重要。我一邊對自己的實力不足感到失望，一邊稍加設定他提交的內容，進行修改與測試，順利完成了任務。

那麼，問題究竟出在哪裡呢？他大膽改造了現有的程式碼來解決問題，這是最簡單的解決方案。一開始我也嘗試過相同的方案，甚至寫了範例程式來驗證，卻失敗了。

我最初的流程是：「用方案1在環境中驗證程式」→「正式安裝。在自己的作業環境中嘗試，以為能成功運作，卻完全沒有動靜」→「因此轉向較複雜的安裝方案2」。

問題在於，第一個方法其實是正確的，只是後續執行的子程序出現干擾問題，導致運作失敗，但我卻以為「啊！這個方法行不通」。

如果我在失敗時仔細分析日誌，累積事實，找出原因，就能立刻發現問題的主要原因。我習慣俯瞰全局快速思考，傾向於省略中間的詳細計算，**這次失誤就是因為過於依賴「感覺」來判斷問題，忽略了應該基於事實來做決定。**

有一次，公司裡有人建議我：

「客戶的意見很重要，但不要輕信，要自己驗證事實。」

在面對客戶時，因為客戶也是人，也有犯錯的可能性。因此，雖然需要閱讀他們提供的資料，但如果沒有親自驗證日誌，親手解決問題，就會不小心掉入「臆測」的陷阱裡。假如因此延遲發現問題，最終只會讓客戶不得不多花時間等待結果。

我學習到的另一個教訓是，技術團隊同事會對現有的程式進行了大刀闊斧的修改，讓解決方案更簡單。我以前從未想過要大幅改動平台，可能是因為自己還沒有擺脫外部用戶的使用者心態吧。

作為內部開發人員，我的工作是創建平台，如果能夠大膽做出改變，還不會影響其他部分，又能讓解決方案更簡單易懂的話，這樣的改動就更具價值。

在寫程式碼之前，先寫一份小文件

在寫程式碼之前，另一個能夠加深理解的強而有力的方法，是先寫一份「設計文件」（Design document）。我在日本開發軟體時，常寫那種厚如資料夾的「設計書」，但在微軟卻不用這樣做，我現在只需要在一份簡短的文件中，用幾頁Word寫出設計想法以及粗略的規格。

這個方法是我的導師克里斯推薦的，他說：「能力好的程式設計師都這樣做。別寫太多，幾頁Word就夠了。」我雖然出身敏捷式開發，卻沒有這種習慣；以前我會在白板上畫設計圖，詳細情況則需要運行「測試驅動開發」（TDD，一種先用軟體編寫測試程式，再實現並完善設計的開發方法）。過去很常採用這種方法，但我發現在現今的開發環境中，卻效果不佳。

好的設計文件應簡單扼要，並且涵蓋必要的內容。在我的部門，我們不會一直維護同一個代碼庫，程式碼經常會交由他人接手維護，在這樣的情況下，交接變得很困難，所以我想透過寫好設計文件，來讓交接更順暢。

克里斯告訴我：「寫程式碼之前，先寫設計文件。寫完程式碼再補寫文件太無聊了，不是嗎？」

對此，我感到很震驚。因為在敏捷式開發中，通常都是等到後期有需要的時候才處理設計文件，但克里斯進一步解釋了先寫文件的兩個好處：

- **寫文件可以幫助自己整理思緒，發現可能被遺漏的觀點。**
- **在思考的過程中寫下來，就會自動成為「設計文件」，之後只要分享即可，就不需要再寫無聊的文件。**

確實，在編寫程式碼前思考如何命名設定值、如何運行，並不無聊。

在充滿不確定性的現行環境下，雲端平台迫切需要解決許多「世界上還沒有人解過」的問題。稍微補充一下，大家認為過去的瀑布式開發（Waterfall Model，一種從上游到下游依次定義並實現需求的開發方法）已不再適用，特別是那種花費長時間分析、設計的「超前設計」（Up Front Design），但有趣的是，人們現在重新開始重視「先寫設計文件」的做法，繞了一圈回到原點。

不過，現在的做法和以往有些不同。設計文件非常簡潔（只有幾頁），並且可以和程式碼來回切換（因為在多數情況下，不先測試現有的程式碼，是無法完全理解的）。這種方式更注重小範圍可控的更新，所以不用花好幾個月設計，過程變得更加靈活。

與傳統「超前設計」最大的不同在於，小文件是程式設計師為自己寫的，而不是為了第三方利益相關者，目的是幫助自己更快理解並高效率地開發出更好的軟體，而不是為了其他人。

在腦內創建「心智模型」

「能夠輕鬆地向專家請教問題」的職場文化，也是提高生產力的重要因素。

在公司，我會詢問同事的反饋意見，每個人的回應速度因人而異，但技術專家約翰通常會非常迅速且認真地回答我。我經常在需要幫助時請教他，某次拜託他時，他對我說：「你不要害怕向我或不同領域的專家提問！工程師越聰明，才能讓團隊更幸福。」

在他看來，我似乎還是太拘謹了。

迄今為止，我都是在自行調查和思考後，遇到阻礙時才會求助他人，這可能是因為日本人對於輕易求助他人有一種特殊的抗拒感。但現在回想起來，這對於提升團隊的生產力並沒有幫助。畢竟，這麼龐大的系統不可能單憑一個人的頭腦就理解，系統內有太多錯綜複雜的微服務，沒有人能完全瞭若指掌。

但是，有些同事卻能一清二楚地掌握系統細節。我問主管（Skip manager）阿尼魯德：「為什麼你能掌握那麼多？」他告訴我：「**透過建立心智模型，就能做到。**」此外，他還推薦蓋布瑞・溫伯格的著作《超級思維：跨界、跨域、跨能，突破思考盲點，提升解

Azure Functions XXX redesign
Author Tsuyoshi Ushio
Created May 2022
Last Update June 2022
Scope
Background
Problem Statement
Proposal
Scope
描述本設計文件的範圍。
Background
描述提出此提案的背景。
Problem Statement
寫下想解決的問題。
Proposal
以邏輯思維寫下如何設計，以及選擇這個方案的理由，篇幅應簡潔，大約2～10頁左右。使用線上共享的Word文檔，因此任何人都能編輯和評論。

※ 以上為格式範例。根據專案的不同，
各項目也會略有不同。

圖 3　設計文件範例

決能力的心智模式大全》（繁體中文版由采實文化出版），這本書蒐集了來自世界各個領域的思維框架。

「心智模型」是指人們用來理解、預測、解釋世界及應對新情況的內在圖像和理論。微軟的團隊經常使用「心智模型」這個詞，因為在頭腦中建立某種圖像有助於快速處理訊息。

舉例來說，「最小可行性產品」（MVP, Minimum Viable Product）是軟體領域的常識概念，意思是無論產品有多好，都應該先推出試做品，從反饋中不斷改進。因此，產品在正式上市前應保持最低限度的功能，避免過度精細開發。

這種思維框架能幫助擴大思考範圍，消除偏見。

以我為例，我現在採用的是自己獨創的「**系統思維**」（System Thinking）框架。這種思維框架是先掌握整個系統架構（包含軟體架構、類別結構、軟體部件的位置等等），再去理解各部分的細節情況和相互作用。我會在腦中以視覺圖像建構整體的關係與流程，然後將各部分的關聯套入其中。（見圖4）

以前，當我挑戰新的代碼庫時，往往需要花費一週以上的時間來理解有限範圍內的修改和新增功能。調查不熟悉的事物並理解上下文相當耗時。但是，一旦這些概念進入大腦、「系統思維」開始運作，我就能迅速清晰地在腦中建構出軟體的運作圖像，也就是說，在腦中建立「心智模型」的過程是最困難的。

擁有心智模型後，即使發生問題，腦中也會浮現出軟體運作的圖像，並且更容易想像問題發生的位置及原因，大幅提高添加或創建新軟體的速度。

上述介紹的是我在開發和維護軟體時所使用的思考框架，你可能也聽說過「五個為什麼」這種分析方法。這是來自豐田汽車生產現場的知名解決法，當發生問題時，反問五次「為什麼」，就能找出問題的根本原因。

如果你能夠學習和體驗與自己產業和工作性質相符的思考框架，並建構出腦內圖像，就能夠**大幅提高思考整理和發現問題的速度**。「心智模型」並不是一套固定的模版，而是因人而異，你可以參考上述舉例，根據自己的具體工作情況進行調整，並花時間精煉思考的框架即可。以白領工作來說，由於工作中有九成時間都涉及思考，所以建立心智模型的效果將會十分顯著。

先依賴專家，不要自己埋頭苦幹

我在建構心智模型時，遵照約翰的建議，有不懂的地方就馬上詢問專家是最快且最合理的做法。

有一次，我需要修改一部分自己從未接觸過的程式碼，以往我會先閱讀儲存庫（即儲存程式的地方），並尋找相關文件，但現在我會立刻請教專家意見：

「我想這樣修改這部分，有沒有對應的Pull Request（提取請求）？」（Pull Request是指自己編寫完程式碼後，必須交由他人審查，得到批准之後再將變更部分整合進專案。）

我在等待回應時，已經開始處理完全不同的任務。因為經理布拉格納告訴我：「如果在不了解或是遇到阻礙的事情上花費超過兩小時，就先擱置它，經過一段時間再來處理。」

也就是說，**如果在一件事上耽誤超過兩小時，那就先請教他人，然後去執行其他工作，這樣工作效率會更高。**

以往我在等待回覆時，會先自己調查程式碼，但現在我認為這樣做是浪費時間，所以在專家給出建議之前，我一直在做其他的工作。幾個小時後，專家格雷納回覆了，他不僅寄來與過去相似的Pull Request，還提供完美的建議，提醒我變更時需要注意的細節。

如果我自己慢慢摸索，會產生什麼的結果呢？我會花費很長時間才能找到程式碼，而且還不確定自己能否一次就變更成功。最後，多虧了同事十分有效的建議，我在一無所知的情況下，只用了2～3個小時就完成Pull Request。由於過程中我有充分理解，所以這次變更也形成了一套「心智模型」。

特別是在已知有既定處理系統的情況下，我認為與其自行思考和調查，「依賴專家」才是最佳做法。

在日本，有「先查詢，後詢問」的職場文化，甚至還有「自己去Google！笨蛋！」這類用語，但在我所處的雲端建構系統中，這種做法的整體效率非常低。

想要提高工作效率，就要盡量避免「徒勞無功」。**專家分享的資訊讓我能從更高的起點理解問題，這樣就能專注在真正重要的事情上。**

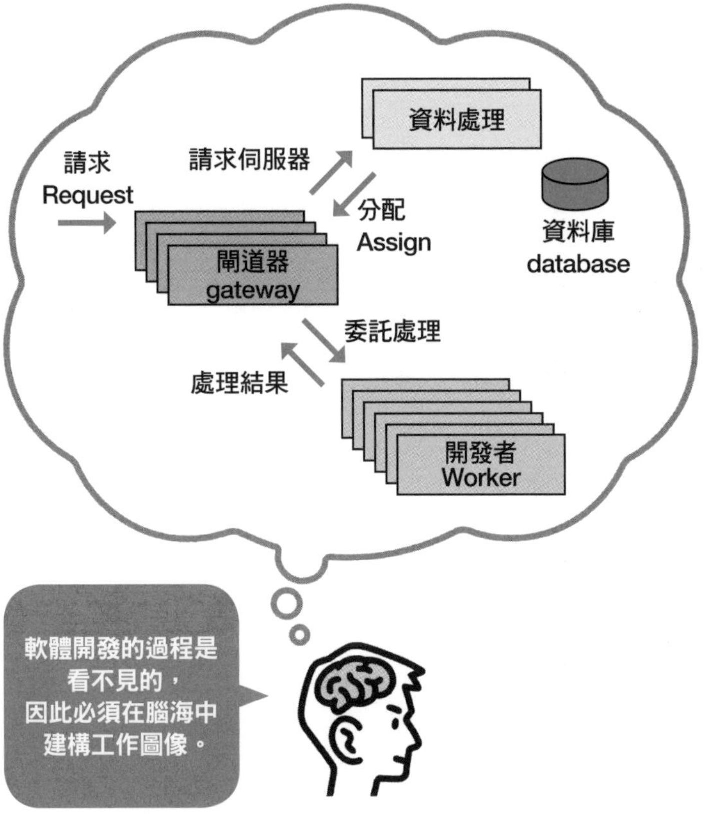

透過學習程式碼與架構，
在腦海中建構出「程式在什麼情況下，
會如何運行」的模擬圖像。

圖 4　牛尾剛的「系統思維」圖像

成為「擁有良好習慣」的程式設計師

本章所介紹的都不是特殊技能，這些基礎知識任何人都能掌握，只要願意花時間慢慢學習，就能深入理解，就看你願不願意開始行動。

多年來，我一直在尋找如何擺脫「無能感」的答案。在軟體業界，我常覺得自己不如同事，無論如何努力投入時間和金錢，都不認為自己成功，也沒有那種「能掌握工作」的感覺。

造成無能感的根本原因，不是頭腦，而是「思考的習慣」。

無論是程式設計還是吉他，我都因為「急於求成」、一味地追求立竿見影的結果，最終適得其反。

每個人剛起步時總會感到很困難，理解事物也需要花費時間，而認識上述事實是我最後領悟到的一塊拼圖，給予了我人生中真心渴求的答案。

同時，**這帶給我一種全新的感受：我相信自己能掌握工作，無論遇到什麼不懂的事物，都相信自己能做到。**從沒想到自己追求了將近半個世紀的東西，竟然在美國得到了。

除了程式設計技術進步以外，其他領域也發生了令人愉快的變化。在個人生活中，我過去總是認為「自己不夠聰明」所以放棄理解許多事物，但在養成了花時間理解的習慣後，我獲得了「能夠掌控」各種小事的感覺，也產生了「自己做得到」的自信。

歸根究柢，在日常生活中積沙成塔的努力，才是最強大的力量。

正如開發eXtreme Programming的肯特・貝克（Kent Beck）所說：「**我不是一個偉大的程式設計師，而是一個有良好習慣的程式設計師。**」

專欄

什麼是「敏捷式開發」？

「敏捷式開發」是一種軟體開發方法，正如其英文字義「快速」、「機敏」所示，強調的是「應對變化，而非遵循計畫」、「重視個人溝通而非流程和工具」、「注重工作軟體而非詳細的工作文件」的思維方式。

其特色為，將軟體按照功能分割為小部分，按照優先順序經歷**「定義需求↓設計↓實施、測試↓發布」等步驟，並在短時間內反覆進行這一循環。**

這套方法起源於二〇〇一年，十七名軟體專家為了尋找更好的開發方法，共同發表了《敏捷軟體開發宣言》（*Manifesto for Agile Software Development*），與當時普遍採用的「瀑布式開發」方法截然不同。

瀑布式開發將「定義需求、設計、生產、測試」等階段分開，按照「從上到下」的順序（如同瀑布從上游流向下游）依序執行，一個流程完成才能進行下一個流程，需要花費很長的時間，必須召集數百人來定義龐大的文件。

然而，在軟體開發界中，修改比建構更容易，加上在創建軟體的階段很難定義需求，因此老實說瀑布式開發並不合適，當發生問題必須返回重做時，會造成很大的損失。然而在日本，瀑布式開發因為易於流程管理而受到重視，但是我在美國微軟公司參與各式各樣的系統開發後發現，沒有任何公司採用瀑布式開發。

敏捷式開發則是以應對變化為前提，優點是能在短時間內反覆進行自動化測試，並讓客戶參與，與團隊共同創建產品。

「Scrum」是敏捷式開發的著名框架之一。這套框架來自橄欖球比賽的Scrum（爭奪球權），通常由五至十名成員組成團隊，**所有成員都是開發過程的主導者**，因此團隊內部的溝通極為重要。每位開發成員的角色都十分靈活，此外還有產品負責人（Product Owner）、Scrum大師（Scrum Master）等角色。

此外，本書接下來將多次提到的「DevOps」，是指加強負責開發功能的開發（Development）團隊以及負責營運服務的營運（Operations）團隊之間密切協調與合作的方法，這兩個團隊很容易在開發現場發生衝突。「DevOps」作為軟體開發過程中提升效率的方法，其應用範圍已擴大至軟體開發領域之外，還涵蓋營運，正越來越普遍。

如今在美國，敏捷式開發和Scrum已經成為「常識」滲透至軟體開發領域，但是日本的推廣進度仍然十分緩慢。

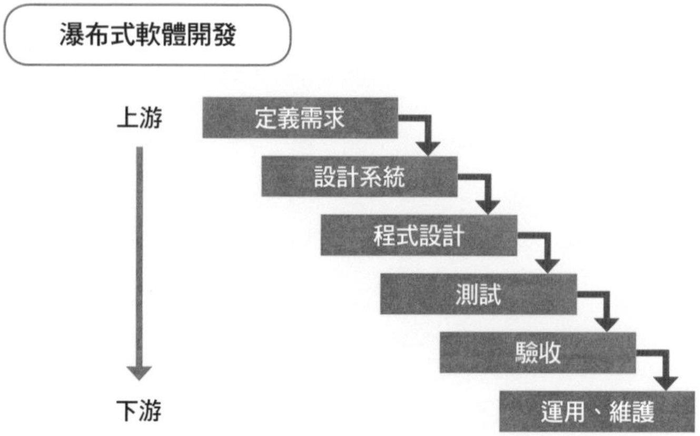

「定義需求、設計、生產、測試」的工序，
從上游流向下游依序執行。

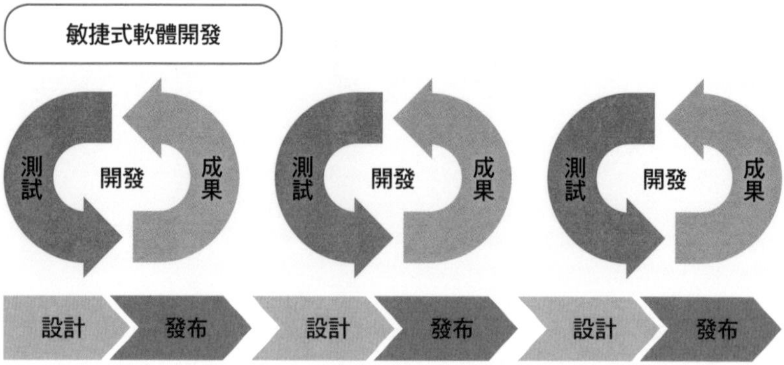

在定義需求、設計、實施、測試之間來回切換，
在短時間內頻繁地發布。

圖 5　瀑布式開發和敏捷式開發的比較圖

我在日本擔任敏捷式開發顧問時，曾經發生過這樣的一件事 。當時，微軟的軟體流程專家山姆．古肯海默（Sam Guckenheimer）拜訪日本，在我的陪同下，他向大企業介紹開發流程，當客戶詢問他：「瀑布式開發與敏捷式開發的優缺點是什麼？」他對客戶說：「瀑布式開發完全沒有優點，所以不應該採用。」他直言不諱地說出我平時認為「顧客會受傷」而不敢說的話，讓我十分吃驚。但作為專家，我的見解和他完全一樣，瀑布式開發本身就不適合作為軟體的開發方法。

因此，如果想輕鬆地開發出更好的軟體，我建議不要採取不合理的方法，應該研究敏捷式開發，才能讓團隊更愉快地產出成果。

第2章

美國的工作思維模式

——在日本時沒注意到的事情

名為「Be Lazy」的思維模式

接下來，我將介紹一流工程師所具備，能加速工作效率的思維模式，以及如何具體運用在工作中。希望讀者們閱讀時，能將其視為「思考方法的技巧」，而非「形而上」的唯心論。

如果缺少這種思維模式，本書傳達的所有工作心法都將淪為投機取巧。必須先安裝好「思考方式的模板」，工作心法才能成為改變現實的武器。

這種思維模式與心智模型相似，但我認為它包含了行為模式，是更全面的思考習慣。

當你在全球企業的國際團隊工作一年左右，便自然能理解他們特有的思維模式，並體驗到其威力。這種模式任何人都能模仿，所以請大家一定要嘗試看看。

「Be Lazy」——這是我與跨文化專家蘿契・柯普（Rochelle Kopp）討論時提到，為了更順利導入最新技術，個人和團隊所必需的首要思考習慣。

在敏捷式開發和 Scrum 開發框架的領域中，這也是經常被提及、十分重要的觀點。

簡單來說，這種思維是指「用更短的時間，實現最大化價值」。換句話說，就是盡可能用最少的精力來找尋輕鬆解決問題的方法。

為了實現 Be Lazy，必須養成以下習慣：

- **只投入達成目標所需的最低限度努力。**
- **消除不必要的事物，和沒有附加價值的工作（包含過度準備）。**
- **力求簡單。**
- **設定優先順序。**
- **重點放在產出和生產力，而非投入的時間和努力。**
- **建議避免長時間工作。**
- **在會議時間內高效率且富有生產力地產出價值。**

讀完以上列表後，大多數人應該都會覺得「這不是理所當然嗎？」然而，其中隱藏著意想不到的陷阱。

以「設定優先順序」這項為例。在Scrum開發框架中，常聽到這樣的觀點：「在待辦事項清單（Backlog）上設定優先順序，集中精神處理優先順位較高的事項。」一般日本人聽到這句話，腦海中應該會浮現圖6左側的畫面。假設清單上有五項任務，日本人會認為：「因為不可能完成所有任務，所以需要設定優先順序，實在無法完成的任務，就先放棄。但是若時間允許，還是會想完成所有任務。」

但是，國外的團隊成員對於同一句話，卻會浮現右側的圖像：

「挑選出最重要的任務，其他則不做。只專注在自己選擇的工作上。」

在國際團隊中，經常會出現這種情況，但我每次都還是很驚訝。例如，當我還在擔任技術傳教士的時候，和同事大衛舉辦了一場名為「價值流程圖」（參見第79頁的詳細介紹）的會議，目標是幫助團隊成員發現專案中不必要的部分。在會議中，大衛只提出一項名為「發行管理」的「DevOps實踐（Practice）」（開發負責人和運用負責人聯合起來快速進行系統開發的方法）。但實際上，主要的實踐至少有七項。

我問他：「連『DevOps實踐』的自動化測試（Automated Testing）都還沒完成，還有很多要做的事情，為什麼你只提一項呢？」他回答：「可是，說得再多也做不到吧？最重要的是先確保能落實最具影響力的那一項。」

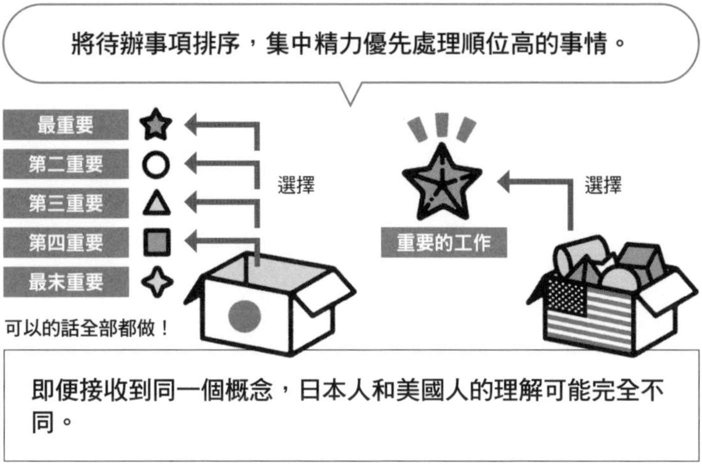

圖 6 「優先順序」一詞的形象圖

日本人常常動不動就「這個要做，那個也要做」，但比起「應該做的事」，思考「實際上能完成的範圍」，對提高生產力更有幫助。按照所謂**「80／20法則」**，百分之二十的工作能創作百分之八十的價值，所以只需要做好百分之二十就夠了，如果試圖每件事都要做到百分之百，不僅工時會增加，時間也不夠用。

在一百個任務中，真正重要的只有百分之二十左右。我觀察國外成員後發現，他們在完成百分之二十的任務、創造百分之八十的價值之後，剩下的百分之八十就不做了，轉而投入創造下一個百分之八十價值的百分之二十新任務。如此一來，與花時間做完百分之百的工作相比，他們用百分之四十的工時就能創造百分之一百六十價值的工作。

簡單來說，他們之所以能擁有如此高的生產力，就是因為平時不斷思考如何創造出「量少」而「價值高」的工作。

養成四大習慣，大幅減少工作量

一流工程師會把心思放在「如何減少工作量」。一般來說，能快速實現許多功能被認為是一件好事，但實際上是一件壞事。因為據統計數據顯示，用戶實際上使用的軟體功能只有大約百分之四十。

即便工程師用盡全力做出百分之百的功能，其中仍有百分之六十不會被使用，而且一旦某項功能出現錯誤，就必須修改。隨著代碼庫變多，需要進行變更時，要閱讀的程式碼也會增加。

也就是說，運用Be Lazy的精神「減少工作量」是一件非常棒的事。但是，從日本人的觀點來看，總覺得沒有全部做完是一件壞事，因此非常不擅長「減少」當前的任務。但最重要的是，我們必須重新認知到：**「減少」本身就具有價值**。

舉例來說，自我在微軟工作以來，報告系統已經換了兩次，每次使用都變得越來越輕鬆。原先每週都開的會議變成每兩週一次，一年四次的評核也減少了，業務上的負擔因此減輕。

如此一來，原本用在這些會議和評核的時間、精力，就能用在其他優先順序更高的任務，從而**「在更短的時間內實現價值最大化」**。

具有強烈完美主義傾向的人往往會把時間花在相對不重要的事情上，並將其打磨得「閃閃發亮」，因此很容易浪費時間。當然，這樣做有好有壞，例如：與日本人相比，西方人把每個細節打磨得閃閃發亮的能力較弱。

問題在於，我們不應該在不重要的事情上花費太多工時（例如，寫文章時過度講究Excel的細節排版）。當你放棄完成優先順序較低的事情，只把重要的事情打磨得閃閃發亮，競爭力就會飛躍性地提高。

從產品負責人到經理，包括團隊成員，所有人都共享這樣的認知，就能在設定故事的優先順序、決定應該實現哪些功能時，迅速做出合理的判斷。

與專案相關的所有成員都需要辨別哪些功能是真正必需的，哪些功能是不必要的，並透過實施改善流程來「更輕鬆」地創造出更高的價值。接下來，讓我們來具體看看（減少工作量的）步驟吧。

1. 選擇只做一件事情（做出取捨）

觀察國際團隊後，我發現這是大家最常實踐的做法。我相當不擅長設定優先順序，因為覺得每件事情似乎都很重要。所以我下定決心思考「哪件事情最重要？」並專心做那件事。

如果我選出三件要優先完成的事情，會先選出其中最重要的，再排序另外兩件。一開始，忽視剩餘的部分可能會讓人感到恐懼，但實際上用戶也無法理解太多功能，最常使用的功能最多三個左右。

如果能**養成「選擇只做最重要的一件事」的習慣**，即使在時間緊迫的情況下，至少也能快速完成最關鍵的工作。如此一來，你會意外地發現原本認為「非做不可」的事情，即使不做也沒問題。

當然，並不是所有情況都適用「選擇只做一件事情」的方式，但是如果重複這個步驟三次，就能選擇出三件事。最重要的是，在十件事情中只做一到三件事絕對不是壞事，你將能親身體會到這樣做更有「價值」。

2. 透過固定時間，盡可能增加能完成的事情

如果抱持著「無論什麼都應該做」的心態，往往會拖延工作時間。我觀察國外的團隊成員，他們不是用「應該完成的任務」來計算工作時間，而是固定工作時間，限制自己在時間內最大限度地提升行動價值。

例如，我和蘿契開會時，即使心裡覺得「這個是問題，那個也是問題」，但我不會延長時間，而是在這段時間內，專注從我能完成的事情中獲得最大價值，將想法切換到「今天只做這兩件事」的思維。

因為時間是最大的限制，所以需要專注於時間內能夠完成的事情上，集中精力做出最大的成果。如果你在完全沒有準備的情況下，突然要在明天報告的話，你應該會放棄那些做不到的東西，並迅速捨棄部分事物吧。沒有時間製作漂亮的文件時，我們就會減少「要做的事情」的數量，並做出決定，以便及時傳達真正重要的事情。

一開始你可能會因為「還不夠完美」而感到害怕，但通常那些「遭到遺漏的東西」都不太重要，重要的部分則可以從他人獲得反饋，所以不要害怕，迅速執行就對了。

3. 停止「準備」和「帶工作回家」，當場解決問題

在日本，只要一開會，就必須事前準備，結束後還要寫會議紀錄，討論各種問題。然而，我觀察國際團隊發現，他們總是能**在「會議現場」完成討論**。雖然會議有大致的議程，但他們完全不會花費時間去準備會議。會議紀錄也會使用筆記軟體 OneNote 當場共享會議紀錄。如果是演示會議，他們不會說「我稍後再修改」，而是當場修改資料。如此一來，就不會占用會議結束的工作時間，還可以在會議期間內共享必要的事情。而且，會後也很少有「作業」或「需帶回檢討」的工作。

必要的「決策」盡可能在會議當場決定。

也就是說，訓練自己「在會議時間內完成所有事項」，工作就會變得非常有效率。

我在擔任顧問時，Sonic Garden 創辦人倉貫義人曾經對我說過一句話，我永生難忘：

「牛尾先生，請不要準備會議，那是在浪費時間，重點是**讓會議的時間變得更有價值**。」

和倉貫先生開會總是很有效率，當場就能解決所有問題。會前會後都不需要額外花費時間。這樣簡潔的會議風格，產生了豐富的工作價值。

如果不知道一開始需要做多少準備，不如嘗試著在「不做準備」情況下，測試自己可以做到什麼程度。然後，盡量在「會議時間內」完成所有事物，你應該會驚訝地發現自己「能做到」的程度比預期得更多。

如果發現無法完成，有可能是你在「不必要的事情」上花費太多精力，需要練習盡可能地刪減日常的工作中不必要的事情。

4. 減少要做的事情

微軟開發團隊有一個叫做「短期衝刺規畫」（Sprint Planning）的定期會議，成員必須和經理一起整理兩週內要執行的任務。在日本，進度會議是匯報哪些工作已經完成、哪些工作進度落後，經理不會刪除預定的任務，而是考慮如何增加更多的人力來完成工作。

而在微軟，經理會主動說：「這個任務不太重要，沒有必要在兩週內完成」然後簡單地從工作範圍（預定的功能）中刪除。大家的工作會逐漸減少，有些任務可能從此不再執行。經理會十分用心地讓大家聚焦在絕對重要的任務上。

畢竟，實際上做不到的事情，再怎麼努力也做不到。因此，我們應該在工作中不斷決定「要放棄什麼」。計畫本來就只是初步的預測，不一定是正確答案，過程中一定會發生無法預測的事情，優先順序也會不斷變化。最重要的是，**工作的重點不是「做了多少」？而是「你做的工作帶給公司多大的影響」。**

想在短時間內付諸實踐上述四點可能並不容易，在經驗值不足的情況下，你可能無法掌握平衡之道。但是，只要你有意識地實踐 Be Lazy 的思維模式，就能熟能生巧，無論是個人還是組織，都能在有限的時間內提高工作價值。

欣然接受風險和錯誤

提高生產力的第二個重要心態是「欣然接受風險和錯誤」。對日本人來說，面對風險是一項相當大的挑戰。而所謂接受風險，在西方的商業環境中意味著以下幾點：

- 不嚴厲批評或懲罰錯誤。
- 抱持從失敗中學習的態度。
- 強調「Fail Fast」（快速失敗）。
- 鼓勵實驗。
- 不要求全員「維持現狀」或「標準」，鼓勵臨機應變。
- 創造沒有責備和恐懼感的環境。

上述習慣的重要性，我在到美國之前就已經理解了，但實際在當地工作之後，我發現現實遠遠超出自己的想像，人們對於錯誤和失敗的想法從根本上就完全不同。

我首先注意到的是，國際團隊中的同事和上司**頻繁地使用「Miserably Failed（慘敗）」這個詞**。

在日本，許多專案是「絕對不允許失敗」的。但是，人終究是人，無論多麼努力準備，在不允許失敗的情況下，還是有可能會出錯。

然而，奇怪的是，我在日本時看過某些專案，在網路上招致客戶大發雷霆、被大肆抨擊，內容和銷售都一塌糊塗，卻因為遵守了交貨期限和預算，被認為是「成功」的。大家之所以很難承認失敗，是因為一旦在組織中犯錯，往往會導致被降職或是被迫離職。因此，無論是個人還是組織，在商業活動中的所有選擇，總會朝著比較保守的方向發展。

但是在美國，人們不會因為失敗或錯誤而受到責備，在發現失敗並向總公司報告時，他們會非常感激地說：「謝謝你的反饋。」更進一步來說，即使你毫無失誤地做了一件任何人都能完成的事情，也不會得到讚賞。

例如，某次我參與了「黑客松」（hackathon），和客戶一起駭客破解並改善生產環境。當時我總是被要求**「解決客戶最棘手的問題」**，因為公司相當重視如何解決世界上無法獲得資訊的問題。

在他人失敗時，其他人從來不會消極地說：「那傢伙不行。」這樣的環境可以更輕鬆地挑戰更困難的事物。令我更印象深刻的是，即使是在公司內部的黑客松活動，主導人也會喊出：「讓我們今天也盡情犯錯吧！」的口號。

不挑戰反而會提高公司未來的風險。而「Fail Fast」的精神在於，不管成功與否，都要先嘗試，儘快得到反饋，再儘快修正錯誤。這個想法是敏捷式開發和DevOps等所有現代開發手法的共通點，並以「人類本來就是會犯錯的生物」為出發點。

害怕「風險和失敗」的心態，會大幅降低生產力。因為人們懼怕失敗，就會變得小心翼翼，但是即使花費再多時間，也無法保證不會犯錯，而且同時間競爭對手已經在不斷前進了。

有一次，我在美國與客戶討論時，發生了讓我十分震驚的事情，一位只背著後背包的小夥子來見我的上司達米安，聊了一個小時之後說：「好！我們來做吧！」當場決定舉辦五百人規模的黑客松活動，然後就離開了。

如果是在日本，這類項目通常會先由廠商提出方案，顧客查看後用Excel製作問卷……來回討論好幾個月，也經常發生最後不了了之的情況。這對廠商和顧客來說都是巨大的損失，投入工時卻一無所獲，這是「無價值」工作。

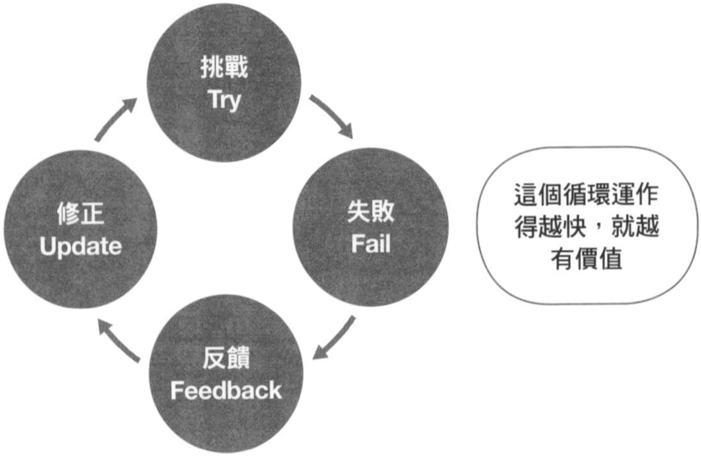

圖 7 Fail Fast 的原則

但是，如果能在一小時內決策，並實施黑客松，驗證生產環境也只需要花費幾天的時間。現在已經不是用Excel製作問卷的時代了，有那樣的閒暇時間，不如實際改良破解並確認，如此才能取得一百倍實實在在的成果。

希望大家可以記住，在當今時代，**光顧著討論，不迅速採取行動才是最大的風險。**不行動一定會增加失敗的機率。

無論事前討論得多麼慎重，實際推向市場後會有怎樣的反應；該技術是否真的適用等等情況，在實際執行之前是無法得知的。因此，特別是在容易變更的軟體領域，像敏捷式開發這種可以快速實施、快速得到反饋的工作方式，才是更有意義的。

但是，有人會認為：「行動快速是好事，但有些人（團隊）完全沒有進步，總是重複同樣的錯誤。」我認為這樣的觀點很有道理。

而這個問題的解答是**「評價」**。

大多數美國企業習慣「信賴員工」，在日常業務中不會斤斤計較，只要達成最初與公司談好的目標，也就是粗略的ＫＰＩ（關鍵績效指標），那麼即使中途失敗，或比其他人笨手笨腳，都不會是太大的問題。他們的基本立場是信任員工。

如果無法達成ＫＰＩ，在年度考核時可能會被降薪或是解雇，僅此而已。

順道一提，微軟的工程師等級是依據「能力」來明確定義，根據等級決定薪水。如果想要提高薪資，就需要完成更高等級的工作達成ＫＰＩ。如此一來，經理就會提名你升遷。在這個系統中，你不是與他人比較，而是與自己競爭，來提高水準。

順便再說一下，GAFAM（Google, Amazon, Facebook, Apple, Microsoft）的軟體工程師的年薪，應屆生第一至二年約為十五到十九萬美元，入職數年為十九到二十七萬美元，資深工程師為二十七到四十萬美元。臉書的資深工程師甚至能拿到將近一百萬美元的報酬（包含獎金等等。隨著年收入的提高，公司股票的支付比率也會提高）。

有興趣的人，也可以參考前亞馬遜產品經理的 Yu 先生的部落格（https://honkiku.com/gafa-pm-salary/）。

隨著級別上升，薪資範圍也會隨之提高，因此只要能快速完成ＫＰＩ，就能得到相對應的回報。

打造「接受失敗的環境」的具體方法

失敗只是結果，從失敗中獲得「反饋」更為重要。蘿契・柯普告訴我，有些美國公司即使專案被取消，也會像成功時一樣舉辦派對，因為他們從失敗中「學到了」教訓。

這種「從失敗中學習」的思考習慣，能夠飛躍地提高生產力。只要掌握這種心態，就能輕而易舉地與競爭對手拉開距離。接下來讓我們具體看一下。

1. 營造「歡迎反饋」的氛圍

當團隊夥伴取得成功，大家理所當然會感到高興。假如他們失敗了，並提供反饋，那也應該要感謝他們，因為你了解到一種失敗的原因。失敗後「發怒」、「批評」等態度，其實是在用「對待小孩子的態度」對待與你平等的團隊成員。因此，在職場中應該捨棄「發怒」這個選項，積極創造促進反饋的氛圍。例如，在郵件中看到成功的消息時，大家會回信說「恭喜」；但如果對方反饋了失敗案例和原因，也應該回覆一封「感謝信」，雖然這只是一件小事。

如果你是經理，你必須明確區分對員工的評價應為是否完成約定的KPI，而不是關注日常業務中的小成功或小失敗。營造團隊內部的良好氛圍，是高層管理者應積極推動的。

2. 停止「討論」，直接「驗證」

如果你是企業客戶或上司，**與其逐一要求大量簡報資料，或期待資料的準確性，不如儘快進入「驗證」階段，獲得反饋。**

人類無法預測未來。假設你委託供應商「提案」，我在日本大型系統整合商工作時，常常有許多人花好幾個星期埋頭製作提案，然而坦白說，即使花費時間做出大量研究資料，手冊上寫著「能夠做到」，但實際執行時卻常常無法達成。

而且，這些工時也會反映在供應商的帳單上，是雙輸（Lose -Lose）的關係。

與其如此，不如實際動手驗證的速度要快得多。不要浪費時間在紙上談兵，而是應該實際製作，並透過「黑客松」等活動來驗證。舉例來說，在考慮是否應該實施某項功能時，不如直接實作，透過Beta測試與真實客戶進行實際操作，以快速獲取數據，最終的反饋結果可能會出乎意料。

「驗證比討論更重要」的思考方式，不僅適用於軟體開發，也適用於所有領域。

此外，如果面對各式各樣的架構和工具，難以抉擇，那麼決策很簡單。答案是**「選擇任何一個都可以」**，根據興趣選擇即可。

因為如果某項工具有壓倒性的優勢，那根本就不會猶豫不決，無論選擇哪一種都差別不大，因此不應該浪費時間在選擇上。

現在和過去不同，工具和服務的單價並不高。當一個工具失敗時，就應該馬上轉換到另一個工具，這很重要。也就是說，花費太多時間在比較和選擇上是徒勞的，不如早點邁出下一步，累積實踐經驗才是最重要的。

3. 思考如何「儘早失敗」

我必須再次強調，在開發現場，「反饋太慢」會造成致命的問題。

在瀑布式開發時代，從定義需求、設計、製造，到測試階段才會製作實際的應用程式，這時才會發現各式各樣的問題，而因為從開始到收到「實際回饋」的時間太長，所以返回重做的損失很大。

這種工作方式無法在現代勝出，因此要儘快嘗試，失敗後接受反饋，再迅速修正方向。**儘早失敗本身就具有價值。**

沒有人一開始就知道「正確的方法」。希望大家銘記在心，在這個世界中，只有能快速找到正確方向的人才能獲勝。

接受不確定性，不需要完成所有工作

欣然接受失敗的心態，是接受整體工作中「不確定性」的基礎。在強調靈活應對變化的軟體開發領域，「接受不確定性」是特別需要具備的第三種思維習慣。我毫不誇張地說，如果沒有這種思維，就不可能管理好現代化的開發方式。

具體來說，這些思維包括：

- 管理階層不期待詳細的計畫細節。
- 預算和報告流程不要求精確的預測結果。
- 內部流程能靈活地變更計畫和優先順序。
- 即使沒有事先分析完所有問題，也擁有勇於挑戰新事物的心態。
- 系統和流程必須靈活，可以接受多次頻繁變更。
- 能夠基於學習經驗積極改變。

接受不確定性可能是日本人最不擅長的領域之一。我們的文化傾向「迴避不確定性」，會花費很多時間仔細預測和提前規畫。在一些相對可預測的行業中，這或許是一項有效的策略；但在VUCA（模糊且高度不確定性）時代，特別是在難以預測的軟體領域，這種文化反而成為劣勢。

為了預測未來，我們經常花費大量時間制定縝密的計畫，即使發現商品或服務不符合市場實際情況，仍然按照當初的計畫執行，最終導致專案本身陷入困境。

事實上，「偏離計畫」並不等於「失敗」。世界上本來就不存在能夠正確預測未來的人，為什麼一定要「按照計畫」執行呢？

相反地，能夠迅速調整的靈活性才是真正重要的。

首先，**我們應該捨棄「交期是不能改變的」這種神話。**

當我發現日美兩國對「交貨期限（Deadline）」的理解完全不同時，我感到非常震驚。在日本，交期意味著按照計畫交付具備所有預定功能、達到預定品質的產品。

然而在美國，「交貨期限是彈性的」。美國同事對「交貨期限」沒有日本那麼嚴格，許多項目雖然如期發布，但實際上完成的內容往往比預定得少，我也沒有見過為了遵守交貨期限而徹夜趕工的人。日本人對交貨期限過於嚴格，甚至過分勉強自己。但是，這樣做究竟能帶來多少價值呢？

Q（品質）＋C（成本）＋D（交貨期限）＋S（範圍）應該是相互取捨的關係。如果想要縮短交貨期限，那就必須降低品質，或是要多花錢，不然就是減少工作的數量（範圍），從工程設計的角度來說，按照預定計畫完成所有QCDS是非常困難的。

所以，許多經理都會留有充裕的時間來完成任務。我在擔任經理的時候，也會保留百分之三十左右的緩衝時間，即使如此，由於軟體開發變更頻繁，初期計畫往往無法完全落實，根據階段的不同，成本很有可能會是最初估計的三倍之高。

那麼應該怎麼辦呢？簡單來說，**最實際的做法是只根據「實際進度」來判斷現況，保持「交貨期限」不變，並靈活調整「工作範圍」。**在遵守交貨期限的前提下，將趕不上交付的功能留待下次再發布，或是甚至放棄發布。僅僅因為某個功能而延遲一週，並不會產生太大的差異，因此最好以「達成目前預定的計畫」這種心態，來看待計畫比較好。

觀察微軟和其他服務供應商，就會發現沒有任何軟體巨頭能按時發布所有預定的功能。展示產品路線圖有助於了解發展方向，但當實際發布日期臨近時，某些特定功能悄悄被刪除的情況也是屢見不鮮。

在美國，即使快到交貨期限，經理也會對我說：「不用勉強自己完成所有功能，只要做出高品質的產品就好了。」

這種做法最初讓我相當震驚，但為了滿足交貨期限和發布功能而不惜犧牲程式設計師的生活和健康，中長期而言只會導致疲憊不堪、生產力下降，降低管理的效率。最好不要過度勉強自己。因為如果在一定期間內完成了超過團隊合理生產量的工作，只會掩蓋組織的問題，導致「這次做得到，那下次也能做到這個程度吧」的惡性循環，團隊的實際情況將無法傳達給高層和周圍人員，問題點也得不到改善。

當生產量超出團隊資源時，就應該正視現實，「減少工作量，努力創造更大的價值」。關鍵在於如何以「Be Lazy」的精神，積極找到「不該做的事情」。

用「可視化流程圖」降低工作量

如果開發工作是以週為單位進行，那麼就應該衡量前一、二週完成的量，並制定下週以後的計畫。但由於情況隨時在變，團隊中也許會有人突然生病、工作進展不如預期等等，使得計畫不一定能完全執行。

較好的方式是採取中立立場，不過度樂觀或是悲觀，衡量團隊當前的工作效率，並以此為基礎進行下一次的預測。

如果上司要求提交詳細的計畫時，應該怎麼辨呢？制定詳細的計畫不僅耗費成本和時間，最壞的結果還可能會導致專案延遲啟動。因此，最好事先就協議以「隨時報告」的模式來進行，若不被採納，則可以使用「價值流程圖」（Value Stream Mapping）將當前的開發流程「可視化」，找到改善點，縮短開發週期（參照圖8）。

具體的實施方法是，召集在現場負責開發和維護的人員，以及經理、高層人員，將現階段的工作流程可視化，並將每個流程所花費的時間繪製成圖。

這樣做通常能揭露冗長的審批流程、手動操作，以及無效的文件編寫等問題，也會凸顯出大部分現場工作人員認為效率低下的環節。**大多數的情況下，製作「價值流程圖」可以在大約四小時內，找出縮短前置時間的可能性。**

對高層來說，開發流程的細節並不重要，因此建議用以下方式提案：「我們想嘗試DevOps這種開發方法，目前專案的前置時間是X個月，預計導入後可以縮短一週，能

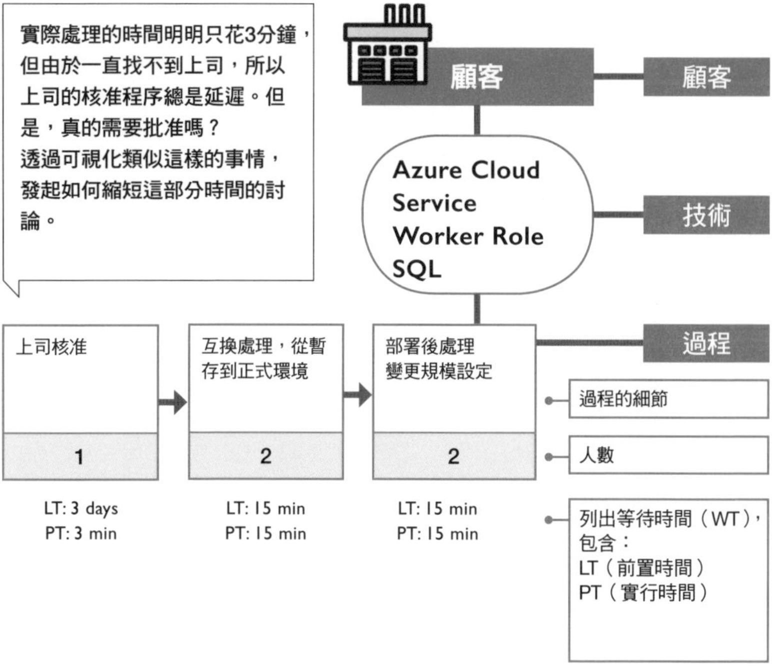

從軟體發布的時間開始回溯，可視化整個過程，檢視花費了多少時間和人力。

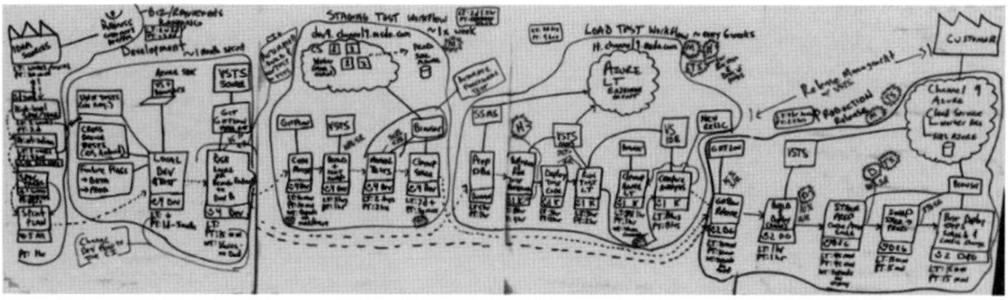

▲ 現場人員、經理、高階管理階層全員集合，實際工作4小時後的流程圖範例

圖 8 價值流程圖

否嘗試看看？」通常高層都會支持。隨後再說明：「為了導入DevOps，報告方法也需要調整，下次將詳細介紹」，此時就更容易達成共識。

一般情況下，上司都喜歡簡潔的報告，更喜歡聽到能縮短前置時間。再進一步來說，你還可以利用ＢＩ（Business intelligence）工具（統計並分析企業內部數據的商務智慧工具）來自動彙整報告。

如果抱著以下想法：「已經決定的流程無法改變」、「改變太麻煩了」，所以試圖在現有的限制下工作，那麼每當出現新的問題時，「應該做的事情」只會不斷增加。

例如，日本在正式發行軟體前，現場工作人員通常會說：「為了避免失敗，必須慎重地編寫大量規範文件並進行手動測試，否則就不能正式發行。」但是當我將社長請到現場，展示可視化的流程圖後，他常常會說：「這個批准流程是多餘的，刪掉吧」、「不需要拘泥於品質，為了加速發布，提前執行這些工作吧！」、「這個應該可以由現場自行判斷」等等，流程便能迅速推進。

實際上，許多「應該做的事情」，都有非常多可以省略的部分。

當然，有些工作項目對交貨期限有絕對的要求。比如，如果奧運會應用程式延遲交付，那麼這份工作本身就會失去意義。對於絕對不能錯過最後期限的工作，唯一的選擇就是**「儘早開始」**。

或者，你也可以只發布「已在運行中」的功能。現在有一種稱為「功能開關」（Feature Flag）的技術，實際功能已包含在系統中，但透過發布開關來決定是否公開。若開啟開關，就能選擇發布功能給特定用戶或是全體用戶。這種技術可以讓一部分的用戶先使用，確認運作正常並判斷有價值後，再開啟開關進行正式的「公開」。這是Azure、Windows等平台廣泛使用的方法。

如前所述，也可以採取固定交付日期、變更工作內容的方法。按時發布軟體，但僅限於已完成的功能，雖然功能有所增減，但能確保發布對用戶來說有價值的內容。

如果必須同時發布功能A、功能B、功能C，則不應該依序製作，而是同時製作三個功能，並簡化內容。透過合作，並以「可提供價值」為單位來製作，就能一直保持可發布的狀態。如此一來，無論功能增減，都能達成「隨時發布」的目標。

接受「工作本來就會不斷變化」的思維

在現代軟體開發方法中，「接受不確定性」是最基本的原則之一。我們需要具體實踐以下內容：

1. 用「可輕鬆達成的期限」來規畫工作

在日常工作中，無論是委託他人或是自己執行，設定交期時不應該根據對方的能力推測完成工作剛好需要的天數，而是應該要多留幾天的彈性時間。

在日本，「馬上」或「明天之前」這類緊急要求很常見，但請大家記住，在國外，**這種緊急要求會被視為「缺乏管理能力」。**就像是在賭交貨期限能否按時完成，也會給被委託者帶來相當大的壓力。

工作時難免會遇到被他人打擾的情況，因此，無論是自己還是委託他人的工作，都要安排充裕的時間，儘早設定檢核點，以順利完成工作。

如果工作無法順利進行該怎麼辦？這時最好果斷捨棄「按照計畫執行」的想法。計畫只是用來「建立預測，讓工作更容易推進」的工具而已。首先冷靜思考交貨期限的價值，並判斷自己能創造多少「價值」即可。而「價值」會根據不同情況頻繁改變。

「處理大量事務」並不等於「生產效率高」，而是要培養專注於「創造價值」的心態。

2. 練習拒絕

之前我和蘿契參加了一場由巴西人和日本人組成的小組工作會議，她提出一個問題：「如果上司在大家很忙的時候，要求你做某項工作，你會怎麼回應？」

日本人回答：「我明白了」，並加班來完成工作。巴西人則是說：「抱歉，我現在忙得不可開交」，直接拒絕要求。

心理學中有個「鏡像法則」，就是我們會把適用於自己的規則無意識地套用在他人身上。例如，嚴守交貨期限的人，也會傾向要求他人遵守交貨期限。特別是日本人，身體裡都流著嚴守交貨期限的基因，若希望變得更寬容，那麼最好放寬對自己的標準。

「明知不可能」的請求只會讓大家疲憊不堪，完全無法改善團隊和組織業務。

當你勉強自己填補專案的缺口時，實際上可能是在拖延問題，降低團隊的工作效率。在認知到自己忙得不可開交的情況下，你應該與團隊成員討論如何制定更容易達成的計畫，或是提出「如果只做到這裡，我可以協助」等討論，都是很好的方法。

如果能在團隊中分享這樣的態度，就能更容易說出：「我做不到這件事」這句話，也更容易找到具體措施來減輕負擔。

3. 學習其他文化的觀點

在很多情況下，我們的常識在其他國家可能「不合常理」。

我在四十多歲的時候，曾經在英國留學三個月，當時使用一本名為《Market Leader》的商務英語教材。這本書的編排很有趣，可以學到許多國家的商業和文化習慣。例如，日本人認為嚴守時間是理所當然的，但在某些國家，準時到達反而被視為不禮貌。

以巴西為例，巴西人會比日本人更直接表達自己的想法，而在歐美，英國人和丹麥人的表達則會更加直白。一般來說，在國際團隊中，即使遇到日本人認為需要顧慮的場合，大家仍會直接說出：「我覺得這樣做更好。」表達方式雖然很直率，但因為不包含任何「否定人格」的意思，所以意見很容易被接受，我也漸漸習慣了這種風格。

當我學習了各式各樣的風格後，就開始思考「究竟什麼才是常理？」日本人無法容忍計畫變化，但如果具備「欣然接受風險和錯誤」的心態，就能意識到計畫本身只是假設，隨時可以調整。如果具備「Be Lazy」的心態，也許就能重新審視是否有必要按時發布所有產品。

在微軟，公司每隔幾個月就會對工程師採取不同的方針。由於情況不斷變化，所以應對變化的能力更為重要。在這樣的環境下，花費時間制定縝密的計畫是很愚蠢的，因為計畫會在過程中隨之變化。

我想要強調的是，「改變計畫」並不是件壞事，**審視現實情況，並在接受反饋後改變交貨期限和規格，反而是件「好事」**。日本人認為改變意味著缺乏管理能力，並且會追究責任，如此一來反而導致產出變得平庸，降低生產力，也會降低員工工作的積極度。

只要讓團隊和相關人員共享「接受不確定性」的心態，就能讓每個人更主動行動、提高生產力。

從「達成結果」到「創造價值」

日本團隊中「必須達成結果」的壓力，與國際團隊中「創造價值」的要求，看似相似，實則截然不同。雙方都會設立目標，舉例來說：要將以往需要八個月才能發表的軟體工作期縮短一週，以此為目標，實施為期五天的黑客松。

在日本，一旦決定了縮短一週的時間目標，即使中途出現未知的問題，大家也會抱持著「作為專業人士，一定要遵守規定的交貨期限」的心態，徹夜不眠拚命實現目標。一旦無法達成目標，就會被刻上「失敗」的標籤，無法再挑戰新的任務。這種不顧一切努力完成工作的文化，會導致團隊全員承受相當大的壓力。

反觀國際團隊，大家在朝著目標前進的過程中，如果發生問題，總會思考「如何才能達成目標」，並提出解決方案，一旦發現目標設定不合理，便會立即改變方向，只以優先順序最高者為目標，因此不會出現加班以及休假工作的情況。

無法完成的事情就坦然放下，選擇延遲交貨期限，ＫＰＩ的設定前提也應該是工作要能夠在正常工時內輕鬆達成。

我剛加入微軟時，一開始還不習慣大量的英文郵件和各種新工作，在慢慢進步的階段，上司達米安對我說：「你最重要的工作是什麼？應該是DevOps黑客松吧？那你現在只要專心做這件事就可以了。」如果在日本，即使是很好的上司也只會說：「剛開始會很辛苦，但撐過一段時間就能習慣，我也會盡力幫助你，加油！」

在那之後，不僅是達米安，其他團隊成員也從來沒有對我說過：「雖然有點累，但你要努力」、「這本來就是你應該做的工作」、「即使花時間加班也要完成」這類的話。在國際團隊中，大多會簡單調整「工作量」，以確保能符合各個成員目前實力能達成的範圍，即使成果低於最初的預期也完全不會在意。

目標只是目標而已。在例行會議上，也沒有人會一一詢問計畫是否按照排程進行，或是逐一追問進度如何。大家關心的反而是：**「實際執行之後如何？」「有沒有需要改善的地方，或是有最好的做法？」**所有人都意識到工作的價值就在於此。

本章節涵蓋了工作心態的三大原則，從「Be Lazy」、「欣然接受風險和錯誤」到「接受不確定性」。總而言之，越是能夠在短時間內實現最大價值的團隊，其內部「應該做的事情」就越少。在國際團隊中，唯一需要達成的就是KPI，沒有硬性規定，工作方法很自由，也沒有詳細的指令，每個人都能自行決策。唯一「被要求做的事情」頂多就是月度報告和必要的教育訓練。

在日本，除了ＫＰＩ這類評價標準之外，還有許多「作為社會人士和員工應該這樣做」的規範。對於工作的結果，也常有「應該這樣做」、「這樣做才會更好」、「應該在這段時間內完成」等反省和改善建議。這些過高的要求會將一線人員逼入絕境，迫使他們無止境地勞動，最終剝奪了工作的喜悅。

想要滿足所有的期待是不可能的，也是無稽之談。讓我們重新調整工作的心態和價值觀吧！

在設定目標方面，**分享制定目標的過程和經驗，對公司而言具有寶貴的價值，也是一筆財富。**如何達成目標以及具體的努力方法，不該由管理高層決定，而是由每個人自行決定。正是在這樣的環境下，大家才能像解密一般，不畏懼失敗，享受挑戰困難的過程。

第3章

讓大腦游刃有餘的資訊整理與記憶術

——才華洋溢同事的工作祕訣

閱讀程式碼的訣竅，就是盡量不閱讀程式碼

雖然我是程式設計師，但我最不擅長且無法克服的事就是閱讀程式碼（原始碼）。閱讀程式碼非常耗時，而且很容易讀錯，導致大腦疲憊不堪，最後只留下挫敗感。

剛進入微軟時，我和經理布拉格納討論過這個問題，他說：「一開始可能需要兩個小時（閱讀程式碼），但三個月後就能在五分鐘內搞定！」我很震驚，因為我甚至需要四個小時……。

在我的職業生涯中，雖然曾參與過開源軟體（OSS）的開發，但幾乎不需要閱讀並理解龐大複雜的代碼庫。我很擅長從零開始編寫程式碼，但卻不太清楚如何閱讀、掌握他人的程式碼。

當然，我曾經向身邊的工程師朋友詢問訣竅，但都沒有得到具體的回答。或許，對於那些讀程式碼就像呼吸般自然的人來說，他們也不了解自己為何能夠掌握祕訣。

有一次，我突發奇想，決定去問剛進公司不久的庫柏，因為他毫不畏懼地挑戰我認為過於複雜到令人厭煩的龐大架構，而且閱讀速度極快。當我向他傾訴煩惱時，這位討

人喜歡的年輕人說：

「閱讀程式碼的訣竅，就是盡量不閱讀程式碼。你要信任其他開發者，相信他們的軟體能夠正常運行，畢竟閱讀大量程式碼會讓人不知所措，對吧？」

這讓我大開眼界。我總是想要從頭到尾閱讀程式碼，但在仔細閱讀的過程中，常常因為迷失方向而感到混亂、忘記內容，導致大腦疲憊不堪。

我一直以為是自己程度不足，但似乎並非如此。我一直以來都很自卑，但這種「自己能力太低才無法快速閱讀程式碼」的想法往往導致嚴重的錯誤認知。其實本質的問題是沒有正確使用大腦。

如何減輕大腦的負擔？

庫柏進一步解釋：「（閱讀程式碼時）盡量不去看安裝，專注於理解介面和結構。同時，透過繪製圖表以及關係圖來理解，並相信軟體能夠順利運作，確保自己理解類別的介面和參數。」

確實，仔細想想，閱讀程式碼時只需要理解真正必要的部分（例如類別的作用、模式、對介面的理解）。過去，**我為了理解而從頭到尾閱讀程式碼，只是在消耗大腦**，反而導致在關鍵時刻無法集中注意力，結果疲憊不堪、無法清晰地思考。

「減少閱讀，讓大腦更游刃有餘」——我馬上按照庫柏的方法閱讀程式碼。雖然程式碼的結構很複雜，但我盡量避免閱讀不必要的程式碼，只理解使用中的介面。

結果，不到兩個小時，我心想：「這也太簡單了吧？」

雖然尚未理解新的代碼庫，以及各專案之間的關聯，但這樣就足夠了。

由於從零開始理解是很困難的，所以我遇到不懂的部分就坦率地詢問他人。與平時相比，這次在閱讀程式碼時，大腦完全沒有疲勞感，因為閱讀份量很少，所以並不感到辛苦，而且能夠很準確地閱讀。

對於程式設計師來說，閱讀程式碼的準確性和速度是最重要的能力。與其盲目地努力，不如有效地思考「該如何減輕大腦的負擔」。

當你感到「這對我來說太難」時，分為兩種情況。一種是基礎學習能力不夠，這只能依賴踏實地累積和練習。例如，如果我被要求寫安裝憑證的程式碼，就必須從基礎開始學習。但是，這種情況基本上不會發生，所以一開始根本就不需要動手。

第二種情況是自己採取了不合適的解法，以為「自己缺少某些能力，或是沒有足夠的天賦才會如此辛苦」。**當你覺得某件工作對自己來說太困難時，通常是因為錯誤使用大腦。**這並不是天賦的問題，很可能是大腦被過度使用，已經處於無力負荷的狀態。

按照工作的難易度來思考

讓我們按照工作的難易度，進一步探討這個問題，幫助大腦運作得更加清晰。

難度等級1（Level 1）：不需要查資料，就能立刻執行的工作。

難度等級2（Level 2）：能很快想到如何解決問題，但忘記具體的細節，需要查詢資料才能完成的工作。

難度等級3（Level 3）：雖然不知道如何解決，但透過執行「探索解法」（Spike Solution，掌握粗略問題的簡易程序）應該能完成的工作。

難度等級4（Level 4）：靠自己很難解決，或需要花費大量時間的工作。

過去我總是急於克服難度等級4的工作而焦慮不安，拚命地努力，但僅靠一己之力往往會耗費一整天仍然一知半解。發現自己能力不足讓我感到十分痛苦，工作成果也不盡理想。

當我冷靜分析自己的實力後，我發現，由於長期擔任技術傳教士以及顧問工作，我掌握了相當多等級2的知識。例如，我「知道」反射、動態類別載入、並行程式設計等概念，但實際操作時「仍需要查詢Google」。

於是，我突然想到，**提升生產力其實就是提升「難度等級1」的完成數量。**對於已經擁有不少等級2知識的我來說，與其以增加更多的等級3、4知識，不如將等級2的知識提升到等級1，生產力會更高。

造成我程式碼閱讀速度緩慢的根本原因，其實是我在看到程式碼時，無法馬上明確地想像程式會如何運行，且不擅於掌握結構。但是，當等級1的知識數量增加後，大腦的負擔就會遽減。

舉例來說，對於程式設計師來說，大家都對「For迴圈」（重複執行程式的語法）充滿信心，因為這是學習程式設計時，最先接觸的基本結構之一。如果能將這種瞬間掌握迴

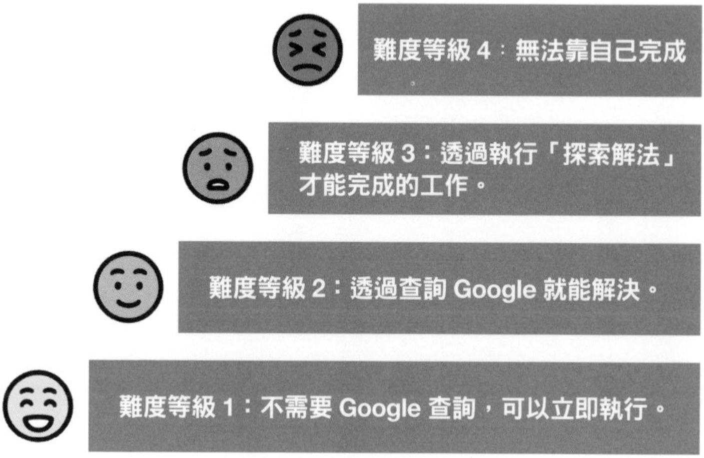
難度等級 4：無法靠自己完成
。
難度等級 3：透過執行「探索解法」
才能完成的工作。
難度等級 2：透過查詢 Google 就能解決。
難度等級 1：不需要 Google 查詢，可以立即執行。

圖 9　工作的難易度

圈的理解力，擴展到其他編碼是最理想的。這樣一來，就能將注意力集中到更重要、更細微的部分。

隨著對模式、慣用語以及該語言程式庫的內容越來越熟悉，理解結構的速度也會提高。重要的是，**應該停止任何自己感到困難的「努力」**，當覺得「不快樂」、「很痛苦」時，就是「做不到」的信號。**做不適合自己程度的工作，不會進步。**

以我唯一「學會」的愛好——吉他——為例，關鍵在於「以令人驚訝的慢速、自己舒服的節奏，搭配節拍器進行練習」。套用到程式設計時，也應該選擇自己能輕鬆處理、難度較低的東西來練習。

也就是說，在程式設計的工作上，等

級1的課題是最容易掌握的，只要達到這個水準即可，再慢慢增加自己不用查詢就能流暢編碼的能力。這是一種「減輕自己大腦負擔」的合理方法。

在擴展等級1範圍的同時，等級3的工作還是踏實地透過學習課程快速學習比較好。

但問題是，出現等級4的工作時應該如何處理？「不處理」也是一種選擇。坦率地承認自己無法勝任，並請他人幫忙，或是透過學習該領域的知識，提升自身的能力，將理解能力提升至等級3。

無論如何，**最重要的是清楚判斷「現在的自己無法解決哪些問題」**。隨著能力日漸提升，也許某天就能達到等級3的範圍。在此之前，不妨先專注於最大幅度地提升其他工作部分的生產力。

「結果至上主義」會阻礙進步

多年來，我一直很重視「結果」。每天都以產出一項成果為目標，沒有完成工作絕不罷休，這種工作風格非常適合顧問工作。

然而，對於程式設計師來說，情況卻大不相同。**程式設計師的勝負關鍵在於不斷累積細微技術，而不是像顧問一樣提供具體服務時數，以「結果」論勝負。**專注於產出結果，在短期內可能會有些許成效，但從中長期來看，卻無法提升「生產力」。

例如，為了快速達成結果而讓人工智慧編寫程式，或是複製貼上現有的程式碼，但實際上並不理解內容，導致需要反覆地查詢，也無法應用到其他情境。這樣的工作方式會需要持續地查詢，結果是無法掌握自己不理解的事物，也無法學習到新事物，換句話說就是「沒有任何成長」。

技術的真正價值在於踏實地累積，「學會某項技能」絕對不是一蹴而就的。有時候，**耗費大量時間來徹底理解技術、整理所學到的資訊，並將其提升至可立即發揮實力的等級1水平，從長遠來看才能提高生產力**，因此不該急於追求成果。

關鍵是，無論你是新手還是老手，工作進展不順利就代表你「不懂」。在無法掌握最基礎事物的階段，貿然地嘗試錯誤，一味按照自己的方式思考和調整，反而會讓情況變得亂七八糟，無法成功。正確的做法是慢慢地理解基礎，按照正確的學習道路持續走下去！

掌握基礎知識的人，腦中會擁有一套自己累積而來的知識和經驗系統，幫助自己理解要點並準確思考。

多工會降低生產力，所以絕對不做

現代商務社會中普遍存在讓大腦過度勞累的多工環境。想必許多人都有過這樣的經歷：一天之中各式各樣的工作接踵而至，再加上商談、會議、電話應對等等，不得不同時完成這些任務。

我自己非常不擅長處理多任務。在微軟，有時會遇到稱為「電話值班」（on-call duty）的時期，需要應對數量多到不尋常的任務和業務。平時，我可以集中精神開發軟體，但每隔幾週，就會有一週左右的時間，必須應對客戶的突發事件（系統問題或是故障報告），當這種情況發生時，突發事件會越來越多，會接到不同人員的電話，還需要處理開發工作的更新發布等等，多項任務同時一擁而至。

比我年長兩歲的同事保羅給了我一些祕訣，教我如何克服這樣的環境。他擁有世界

圖 10　多任務處理不適合人類大腦

頂級的程式設計能力，雖然一整天幾乎都被會議填滿，照理來說應該很忙，卻能驚人高效地處理電話值班時期的工作。

觀察他後，我發現我們之間最大的差異是「WIP=1」。

所謂的WIP（Work In Progress）意指「正在進行中的工作」，也就是說，**「WIP=1」意味著「一次只做一件工作」**，這是我在擔任敏捷式軟體開發顧問時學過的概念。無論多忙，保羅一次只做一件事，而且比其他人更能集中精神地專注做一件事。

我的情況則不同。公司每天都會召開解決突發事件的會議，我會一邊聽著與自己無關的討論，一邊做其他工作。雖然效率不高，但因為工作堆積如山，所以我總是很不安，不自覺地開始動手工作。

但是，保羅在與自己無關的會議中，從來不做其他工作，甚至不回覆聊天訊息。他會當場思考問題的大致方向，即使找不到，他也會說：「這應該轉交給其他部門」、「我們去請教某某某，先寫一封電子郵件給他。」總而言之，他始終保持「推進進度」。

保羅一定會當場解決問題，或是一步一步地推進。而我學到了以下幾點：

- 無論多厲害的人，都需要花費時間學習，慢慢來，不要急。
- 分配三十分鐘到一小時「只」做一件事。無法立刻完成的工作，可以透過詢問他人等方式將工作推進到「待機狀態」，再繼續執行下一個任務。
- 在做一件事時，不要做其他任何事情，全神貫注。
- 如果必須中斷某項任務，應記錄並整理好資料，以便下次再次開始執行時能順利進入狀況。
- 刪除剩餘的任務。例如，完成任務後，關閉瀏覽器的標籤頁，並將需要的內容記錄下來（否則會分心）。

無論對誰來說，「多任務」的工作效率都很差，所以不採取「多任務」的工作方式才是解決之道。

研究人類大腦發育的華盛頓大學發展生物分子學家約翰．麥迪納（John J. Medina）指出，多任務會導致「生產力降低百分之四十」、「完成工作所需的時間增加百分之五十」、「出錯機率增加百分之五十」。

人類的大腦並不適合處理多工任務。乍看之下，電腦似乎能同時處理多任務，但基本上，中央處理器（CPU）的核心同時只能執行一項工作。在執行一項任務被中斷時，電腦會記錄上下文，並在重新啟動後恢復任務，與人類重新開始執行工作相似。當然，電腦有多個軟體（工作）在同時運作，但將大腦（或CPU）的資源集中使用在同一件事上，會更有效率。

開會的時間是有限的，在這段時間內，即使做其他工作，能做的事情也是有限的，假如有其他人發送聊天訊息，則安排在三十分鐘、一小時後再集中處理，應該也算是足夠快速的回覆了。

不執行「多任務」的工作方式，絕對能提高大腦的生產力。

每天預留四小時屬於自己的工作時間

對於優先順序高的工作，必須有意識地騰出時間來專注執行。

有一段時間，微軟的組織進行重新編制，技術交接相當頻繁，我為了應對同事的提問而多次中斷工作，導致優先順序高的工作進度緩慢。於是，我試著精準測試一天之中在什麼任務上花費多少時間，結果發現我竟然只花費九十分鐘在主要的工作上。

我和經理布拉格納商量這個煩惱，他告訴我其他技術高手的解決方法。方法很簡單：**每天預留四小時，關閉所有Teams和電子郵件，專心處理自己的工作。**

我回想起來，在Teams聊天時，有的人會馬上回覆；有的人卻一天只回覆一次。如果對方立即回覆，我會很感激，因此我也會這樣做。但工作經驗越豐富的人，基本上一天只回覆一次，而他們都產出極佳的成果。有位同事告訴我：「其中沒有什麼魔法，預留自己的時間是完全沒問題的。」（There is no magic. It's ok to book your time.）

雖然我對「不積極回應」的行為感到內疚，但還是下定決心嘗試看看。

結果令人驚訝，工作進度明顯加快。在這四個小時內，大腦可以最大限度地集中在單一任務上，所以效率很高。

職業生涯越長，涉足的領域就越多，需要幫助他人的工作也會隨之變多。協助他人是崇高的工作，但如果因此耽誤自己優先順序高的工作，那就失去意義了。

因此，每天確保有四個小時是專屬於自己的，剩下的時間再用於其他事情，這樣安排是非常合理的。我會抽出時間一次回覆GitHub的問題和電子郵件，在預留的時間以外積極回應，避免延誤其他同事的工作。

大前研一先生認為，如果想要改變自己，就應該從「居住地」、「人際關係」、「時間分配」來改變，除此之外沒有任何意義。我很喜歡現在的住處，也很喜歡同事們，剩下的只有「時間分配」了，必須在分配時間上多下功夫。

在微軟的眾多同事中，巴拉的技術能力第一，他知識淵博、才華洋溢，因此周圍的人都稱他為「神諭」（Oracle）。在遠端工作期間，他從不開視訊，所以沒人知道他的容貌，甚至有人戲稱他是Bot（機器人）。然而，最近巴拉每天都會來公司，大約在傍晚時抵達，然後開始程式設計工作。

至今，我仍不知道他在遠端工作時的工作方式，但平時的他，回應十分積極，只要詢問他問題，一定會馬上回答，還會詳細回覆大量的電子郵件。我一直在思考他是如何開發軟體的，有一次我問他：「為什麼總是在傍晚才來公司？」

他回答：「到傍晚之前，基本上都有很多會議，因為會議都是遠端進行的，所以在家工作比在辦公室更有效率，就是這樣。」

這意味著他比別人多工作兩倍！因為白天忙於開會或應對提問，所以他無法工作，因此傍晚才會來公司，並在無人打擾的時間開發軟體……。

令我震驚的是，即使像他這樣的天才，也會避開多任務，將時間集中在程式設計上。

為什麼同事們的「記憶力」這麼好？

接下來，我想聚焦於許多人關心的「記憶力」問題。工作能力強的人都有很好的記憶力，所以我一直在這方面感到自卑。

就拿我的搭檔文森特來說，雖然他的工作經歷不長，但總是能很快理解每一件事，對細節的記憶力也非常好。而我人生中見過最聰明的人保羅，他的記憶力更是驚人，能清楚回答一切問題；經理布拉格納即使在沒有資料的會議上，也能清晰地組織資訊，對事物擁有高度的理解。

可以肯定的是，良好的記憶力讓他們的工作效率更高。以電腦來做比喻的話，記憶體容量大的電腦運作速度快，若記憶體容量小，無論讀取資料還是工作，每項任務都會變慢。

我曾經被診斷患有ＡＤＨＤ，這種障礙會導致大腦短期記憶容量較少，也因此比較不擅長記憶。我常常需要將重要的資訊寫在某個地方，以盡量減少占用大腦的記憶容量。不過仔細想想，我在大學考試時也曾認真學習過，最終也成功通過考試，表示我的記憶力應該足夠的。

想到這裡，我開始清楚明白為什麼自己能在顧問和技術傳教士的職位上取得成功。

這些屬於「不需要自己親自執行」的職業，並不需要很強的記憶力。在所謂的「Quick & Dirty」（粗略地快速分析）的顧問世界中，不太需要記憶力和細緻度。顧問工作需要學習，但更重要的是迅速掌握新事物概要的能力，對細節不會過分要求，甚至可以說，對我這種記憶力不太好的人，反而很「適合」，因為不需要拘泥於舊事物，可以迅速朝下一步前進。

像我這種人，若能找到一份不需要極精確記憶力的工作，應該可以過得很開心。我在這些職業中，並不覺得自己做過任何「努力」，然而，我真正想做的是「程式設計師」，這是我從小的迷戀和夢想。於是，我決定挑戰自己的天性，認真面對「記憶力」這個大難題。

每當我詢問同事和經理他們很久以前寫過的程式碼，他們總能馬上回覆我；在線上會議討論程式碼和架構時，他們也能高效率地應對。

為什麼他們記憶力這麼好呢？我常常連自己前幾天寫的「提取請求」（Pull Request）程式碼都想不起來。

在深入思考這個問題時，我忽然想到：「這會不會也是因為我理解得不夠深入？」也就是說，我無法即興地說明，記不清楚細節，可能都是因為我沒有真正地理解。

通常我會認為，只要自己寫了程式碼，修改了既有的設計，通過了各種測試，並確定程式碼能夠運行，就代表自己「應該理解了」。但是，即使當我試著口頭解釋我寫的程式碼時，往往說得模糊不清，無法順暢地表達。

我這才明白——「原來，光是做過並不代表真的理解」。

這讓我意識到，**我必須花時間將自己做過的事情，用言語清楚表達。**當我試著清楚解釋時，會忽然冒出很多疑問：「咦？我剛剛為什麼要在這邊這樣做？」、「可以用其他方法安裝嗎？」、「這個部分如果遇到這樣的負載，會不會壞掉呢？」

最終，雖然不需要改寫已寫好的程式碼，但在準備解釋的過程中，我重新檢視和整理了程式碼，發現有許多部分雖然在自動測試下能正常運作，但其實「我並沒有真正理解」。

此外，**要做到能夠說明程式碼，就必須整理和掌握結構，並存入大腦的記憶中。**

我曾經向主管阿尼魯德請教過：「你是如何掌握那麼多的細節呢？」他告訴了我「建立心智模型」的小故事，利用心智模型進行的結構性理解，就能直接幫助到記憶。

換句話說，為了在腦內建立心智模型，就必須理解和組織細節到能自己「駕馭」的程度，而不是完成工作就結束，這表示必須到達等級1的程度。為此，最好不僅僅是「完成了」，還要加上一項自我檢查：「我能夠清楚說明嗎？」

「書寫」能夠大幅提升理解力

其中一個訓練自己向人解釋的最佳方法，就是**嘗試寫部落格**。

我向我的程式設計老師Kazuki請教如何提升程式設計技能時，他說：「學到新技術後，可以寫一篇部落格，不要使用範例程式，而是按照自己的方式改寫。」也就是說，將知識轉化為他人能夠理解的程度，這對於加深理解、鞏固記憶是極為有效的方法，我之所以常常在Note或是部落格上寫雜記，就是為了整理思緒並記錄自己的發現。

「努力回憶」也是提升記憶力的有效方法，我一直很不擅長，但在理解這點之後，我的記憶力大幅改善。

例如，當我想要記住一首歌的歌詞時，以往我會反覆寫、聽很多遍歌曲，但完全記不住。現在我會一小段一小段地回憶歌詞，先記第一小節，再試著憑藉記憶回想下一個小節，而非一口氣背完整首歌曲。從前完全記不住歌詞，現在只要一天就能把歌詞背下來了。

此外，另一種應用這個理論的方法，稱為「康乃爾筆記法」，這是相當著名的方法。以「筆記欄、整理欄、摘要欄」的形式記錄工作，在當天結束時整理內容，並以「能否口頭向他人解釋」作為記憶檢查點。例如，假設學會了新的電腦操作方法，建議不要只寫在筆記本上，而是要以輸出為目的，使用康乃爾筆記法來記錄。（參照圖二）

---

❶在「筆記欄」的區域中，並非邊學、邊寫筆記，重點是事後回想自己學過的東西，再寫下重點。例如，在召開線上會議時，遇到Windows畫面無法顯示的問題，經過多方調查、解決問題後，再回想並整理寫下整個過程，可以使用條列或加入一些簡單的圖來記錄。

❷在「整理欄」中寫下與自己所學知識相關的問題。例如「若Windows無法顯示畫面時，該怎麼處理？」

❸在「摘要欄」中，在日後回顧時，寫下重點事項。以上述例子，應該簡潔地總結故障原因和解決方法。

像這樣分成三個區塊來書寫，雖然只是簡單的調整，卻對工作相當有幫助。這種從一開始就是以輸出為目的的寫法，自然會加深理解層次，並顯著提高記憶的穩定力。

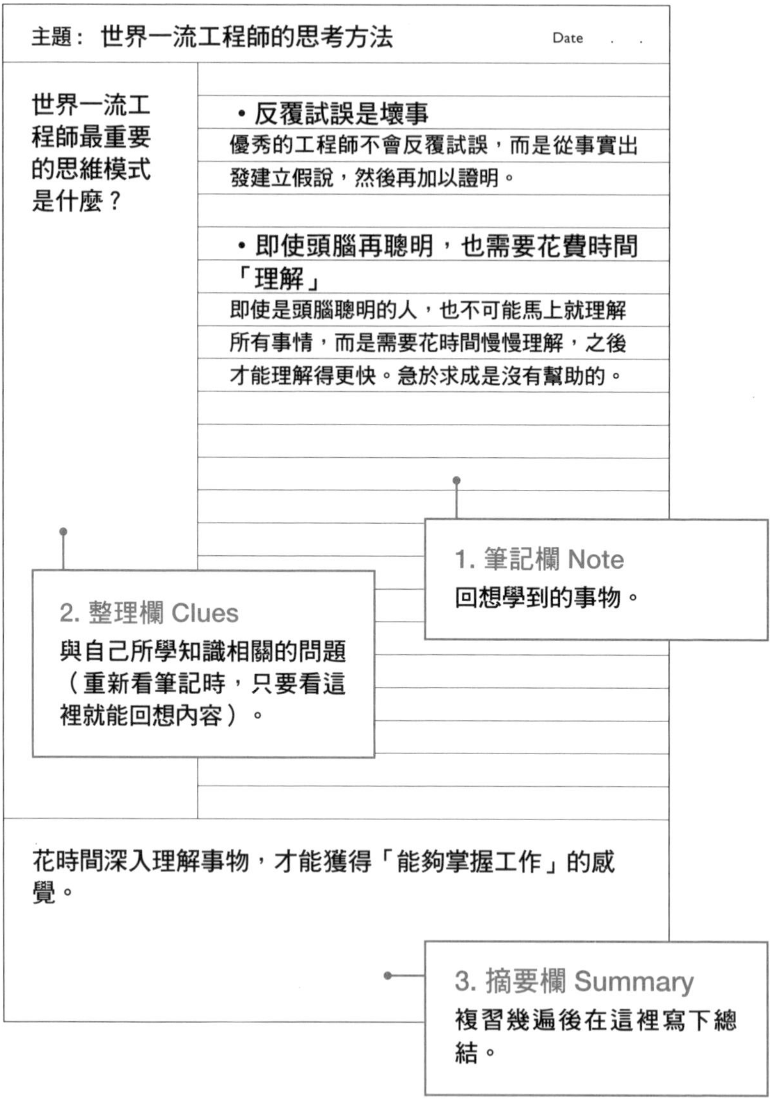

圖 11　康乃爾筆記法的範例

與記憶力相關的另一個重要要素是，**養成定期複習的習慣**，這樣會更容易記住。記住內容後，隔天再回顧一次，接下來一週後再回顧就可以了。

著名的艾賓浩斯「遺忘曲線」（Forgetting curve）也支持這種做法，加拿大滑鐵盧大學的研究指出，二十四小時內複習十分鐘，就能恢復高達百分之百的記憶。

康乃爾筆記法的優點在於能夠輕鬆複習所學內容。我養成了用這個方法寫筆記的習慣，寫完筆記後的隔一天再重新審視筆記，確認自己是否記得。結果，我扎實地感受到對工作的掌握度明顯提高了。

能夠隨時清楚地向他人解釋自己的工作，是一項非常重要的技能。因為自己所了解的代碼庫只是整體的一部分，所以常常會需要和他人共享或是向專家請教，如果平時就有意識地記錄事項，就能節省大量時間。

只在腦中整理思緒，不要寫下來

接下來，我要介紹的訓練是**「只在腦中整理思緒」**。

在微軟，工作能力出色的同事們都有一個共通點，就是擅長在不使用筆記本和電腦的情況下「在腦中整理自己的想法」。

我剛開始在美國工作時最困惑的是，大家似乎都偏好「口頭」解決事情。會議時大家通常不做準備、沒有議程，僅靠交談來討論決策並以「好！就這樣，結束！」作結。因為是全英文的環境，這對我來說相當辛苦。即使是用日文參加會議，我也會認真準備資料再參加會議，因此這種情況讓我難以適應。

為什麼大家僅靠口頭討論，也能完整理解內容呢？是因為思維方式根本不同嗎？在我苦惱之際，主管阿尼魯德給我了建議：

「你想知道如何當場理解複雜的事物？這需要在腦海中建立框構來思考。」原來如此，阿尼魯德所說的框構，其實就是我前面反覆提到的心智模型。

曾經身為顧問的我，常使用5W1H、MECE（相互獨立，沒有遺漏）、系統思維等框架來思考，但這都需要寫在紙上或是輸入到電腦（心智圖等等）。我喜歡「可視化」，所以才會這麼做，但我發現自己從來沒有過「只在腦中整理事物」的訓練。

這與我從小不擅長記憶，以及大阪人特有的「急性子」有關。我習慣不管什麼事都「必須快點做」，任何事都不仔細思考，直接沿用從前做事的方式快速完成。

這種習慣導致我「慣於同時處理多任務、生產力低下」。在沒有完全理解的情況就著手工作，才會對自己的記憶力沒有自信，必須立刻寫在紙上。結果是，我始終無法真正掌控工作，無法產出高效成果。

因此，我開始實行「只在腦中整理事物」的訓練，具體方法如下：

❶不要在會議中當場記錄討論事項。
❷聽他人說話時，想像自己未來要向他人說明，在聽的同時在腦中組織整理內容。
❸不要先寫出文章再思考，而是在腦中思考後，整理好思緒再寫文章。

第一項與前面所提到的「康乃爾筆記法」相呼應。雖然可以做簡單的筆記，但不要依賴文字，而是抱持「當場就記住」的心態聆聽，如果你這樣做，就必須當場理解內容，對於不懂的部分也會立即確認。在聽的過程中整理思緒，如此一來，之後當你要將重要事項寫在紙上時，都已經在腦中整理過了。

第二項這種以「輸出」為前提的聆聽方式雖然枯燥乏味，但非常有效。我每次去教堂做禮拜時，經常會因為英文太難，聽不懂內容，使得預習準備變得很辛苦。但有一次，我無法事先預習，在完全不知道內容的情況下，應用第二項這個方法，雖然我的英文實力沒有改變，但我還是清楚地理解了內容。**只要意識到「稍後必須向他人說明」這一點，就能提高專注力與記憶力。**而且不需要事先準備，所以十分輕鬆。

對我來說，**最有效的記憶方法是一邊聽，一邊建立視覺化的影像**，在腦中將心智模型視覺化，確認自己是否理解。例如，假設現在正在討論如何排除故障，我會根據對方說的話，用系統思維將整體的結構、各個要素的關聯性像製作 PowerPoint 一般地繪製影像出來。

如此一來，事後也不會因為沒有看筆記本就忘記內容，即使是本來無法理解的情境，我也能以心智模型為基礎，在腦中整理並清楚記憶。

令我更驚訝的是，幾個月後，我甚至覺得不再需要寫筆記了。如果繼續這樣下去，我應該就能記住代碼庫等至今為止難以記住的事物，工作效率應該也會提高非常多。

即使是不擅記憶、不擅組織各種思緒的人，經過訓練也能做到。在我看來，「只在腦中整理思緒」的訓練是提高記憶力的最終解答。

「理解、記憶、重複」的黃金法則

最後總結，想要做好一件事，以下三要素不可或缺：

- **理解**
- **記憶**
- **重複**

如果不先花時間「理解」基本概念和架構，就絕對無法掌握知識；如果不先在頭腦中整理完再「記憶」，之後就必須花費大量時間回想或重新查詢，而且無法確信自己學到了什麼。最後，當知識進入大腦後，需要花時間「重複」記憶，以便能夠隨時拿出來發揮。

這三個要素的目的都是**減輕大腦負擔**。如果對基礎有了深刻的理解，大腦就不會負擔太大，也容易記憶，而且只要使用心智模型，就能從結構中掌握要點，讓學習輕鬆許多。隔天再次回顧，這對大腦來說是最容易鞏固記憶的時機點，就能形成「理解→記憶→重複」的良性循環。

最後，我想分享一個輕鬆的小插曲。到目前為止，我介紹的都是技術高手的精采故事，但有一次我跟克里斯談論閱讀程式碼時，他突然說：「如果是我不熟悉的代碼庫，我會複製貼上再修改它，如此一來，即使不懂也能得到結果。」

一想到即使是一流的人也會用這種邪門歪道的方式複製貼上，我差點嚇得摔倒。

他接著說：「但是，如果是自己寫的程式碼，我馬上就能全面理解內容。」也就是說，即便是技術高手，複雜的事情還是很複雜的。但是，如果從零開始編寫程式碼，就能立刻理解內容。人類的大腦能力並沒有太大的差異，這次和克里斯的對話給了我很大的鼓勵和突破。理解大腦運作的合理機制，做事似乎就會變得輕鬆許多。

從此，我決定不再做那些讓自己覺得「辛苦」的「努力」。有了這樣的決心後，「快樂編碼」的世界向我敞開了大門。一開始可能會有些困難，但我鼓勵每個人都嘗試看看。

專欄

如何進入國外科技公司就職

如果你想進入微軟、亞馬遜、谷歌等大型科技企業並到美國工作，我建議的途徑是先在他們的日本分公司就職。對於剛畢業的新鮮人來說，門檻可能有點高，但如果你已經有工作經驗，日本其實有各式各樣的公開職缺。你可能會覺得自己做不到，或是英文不夠好，但現在有許多方法可以學英文。我自己也不是海歸子女，直到四十多歲才開始正式學習英文（可以參考我另一本著作《IT工程師從零開始的英語學習法》〔ITエンジニアのゼロから始める英語勉強法〕）。

如果你想在短時間內提高英文會話能力，這方面有許多研究，希望大家可以在YouTube或書籍中嘗試那些自己能堅持的方法。

其實，外資企業並不在意「多益分數」，我沒有寫在履歷表上，面試時也沒人問我。但是，面試時要和美國人對話，因此我覺得能正常「聊天」是很重要的。我的英文雖然是在鄉下學的，但是因為口語能力不錯，所以不成問題。

首先，將英文對話能力提高到一定程度後，就可以開始接受挑戰了。即使是在外資企業，也有很多英文一場糊塗的人，因此不需要害怕。即使失敗了，再多挑戰幾次就好了。重要的是這些企業所要求的技能，只要你符合他們的技能要求即可。以我當時為例，公司需要的是演示能力和雲端知識，所以我在這方面做了深入的學習。

能說一口流利的英文和真正的英文實力是兩回事，後者的學習需要時間累積，到當地再慢慢培養即可。

實際上，在美國工作的最高門檻是「取得簽證」。大家真的都為此苦惱，我因為公司提供了所有支持，所以相較起來沒那麼辛苦。

在日本分公司中，**有一些職位是「在日本工作，但上司在海外總部」，這也是我的目標**，因為這個職位真的很舒適，可以經常處在國外的工作氛圍之中，比日本的工作輕鬆快樂一百倍。

如果錄取這樣的職位，我會跟公司說「我希望將來能到美國工作」。雖然不能馬上實現，但當公司預算允許後，只要平時工作表現出色就有機會轉移到美國工作。雖然時機各不相同，但機率比大家想像中高許多。

最棒的是，一旦你轉到美國工作，公司會幫你解決簽證、搬家、尋找住處、買車、辦理駕照、辦理社會安全卡、開設銀行帳戶等等的所有麻煩手續。入職後，還會幫忙辦理綠卡的申請手續，對員工盡心盡力。當然，這不是努力就能夠實現的道路，但如果你夢想在美國工作，那就每天練習英文會話，尋找有外籍上司的職位，然後開始挑戰即可。

你可能會認為，這是只有英文非常流利的人才能進入的狹窄之門，但事實並非如此，對科技企業來說，既懂技術又懂英文的人很稀有。有許多英文能力很差的工程師，他們仍然受到重視，因此即便英文能力不好也沒關係，請不要膽怯，嘗試挑戰外資企業以及海外工作。

尤其是對工程師來說，在美國總部工作會非常開心，因為能開發日本絕對沒有的全球規模的服務！

第4章

溝通的奧祕

——如何表達、詢問、討論

「減少資訊量」的重要性

我發現在美國，無論是與客戶交流還是公司內部溝通，簡潔的交流方式更受歡迎，因為這能夠「減輕大腦的負擔」。

尤其工程師特別偏好「減少資訊」，**因為即使提供大量資訊，他們可能也無法消化**，這不僅體現在簡報和會議中，日常業務的溝通也是如此。

剛開始時，我完全不了解這種文化，感到不知所措。我在日本擔任顧問時，經常因為出色的簡報表現獲得很高的評價，也很擅長用談話吸引顧客，因此我對自己的溝通技巧很有自信。然而，移居美國之後，我發現這些方法完全行不通，一開始我以為是英文能力的問題，但事實並非如此。原因是我的談話內容過於繁雜，讓人「難以理解」。

在日本，人們欣賞「多資訊」，所以我理所當然地將對方可能會想知道的所有資訊，用易於理解的方式全部納入其中。例如，我在面對聽眾做技術演示時，為了讓初學者和老手都感受到「來這裡真是值得」，我會完整準備從文件到應用程式範例的一切。一般而言，在日本獲得高度評價的演示，幾乎都會使用大量的投影片。

而與日美同事之間的交流，兩者也有戲劇性的差異。

例如，假設「持續整合」（ＣＩ，Continuous Integration，一種 DevOps 軟體開發實務）的管道突然出錯，而且原因未知。如果是在日本，我會整理好所有資訊發送給同事們，告訴大家：「現在出現了這樣的錯誤訊息，我嘗試了這些方法，結果呈現這個狀態。某些做法可能會掉入陷阱，所以要避開。順便一提，這條管道的程式碼是透過這個 Pull Request 追加的。」日本同事們收到這些資訊會很高興。

然而，在美國，如果我這樣做，發送的訊息往往會被忽視。我向導師克里斯請教，他說：「大家都很忙碌，如果訊息寫太多，讀起來會很辛苦。請寫得再淺顯易懂一點。」

我啞口無言，並問他需不需要提供像是：「這種做法會掉入陷阱」的訊息。他說：「不需要，以剛才的例子來說，你只需要說：『出現了這樣的錯誤訊息』就可以了，**附加資訊等被問到時再補充即可**。」

也就是說，在日本受到歡迎的訊息，在美國反而是多餘的資訊。

回想起來，我與國際團隊的成員們的對話，大概如下：

「ＣＩ系統出現了這樣的錯誤資訊，我現在很困擾，你知道原因嗎？」

「啊！我之前也發生過。你現在是如何處理這些設定？」

順利的話，對話會就這樣結束，但如果不順利，接下來可能是這樣：

「感覺需要調查一下。這個參數現在是什麼狀態？」

「目前是這樣，可以的話，我把Pull Request的網址發送給你。」

「好的。」

「順便一提，這樣做可能會發生錯誤，要注意一下。」

「謝謝！」

也就是說，**不需要在一開始就把所有事情解釋清楚，而是採用「減少資訊量」的溝通方式，這非常重要。**

在理解這一點之後，我開始注意到不要在談話中塞入過多資訊。即使是用PowerPoint來傳達並說明某項技術時，我也會極力減少投影片的頁數，專注於「希望聽者一定要理解」的內容。如果有人提出疑問，再追加說明即可。這並不是說哪種方式好或壞，而是不同的表達方式的文化，如果考慮到哪種方式對大腦來說更容易接受，我認為美式風格讓人更沒有壓力。

其背後的理念是：「盡可能增加聽者當場能吸收的內容。」因為一次提供許多複雜的資訊，會讓人無法當場理解，他們更偏好在交流中即時理解適量資訊。

在國際團隊中，採用這種減輕大腦負擔的溝通方式已成為標準。

「提前準備」的重要性與溝通技巧

不過，在簡報等場合中，日本人特有的工作習慣具有優勢。

那就是**「提前準備」的力量**。如前所述，無論是在會議還是對團隊簡報時，美國人「幾乎不做準備」，他們平時更注重訓練自己的反應能力，以便遇到任何情況都能應對自如。我雖然想向他們學習這樣的態度，但由於英文是我的第二語言，因此缺乏與母語者站在同一條起跑線競爭的能力。

然而，我在日本所培養出的「提前準備」和「改善」的精神，在簡報中發揮出意想不到的優勢。

有一次，我向團隊中一群最聰明的成員做技術說明，假定他們已經了解所有模式、實踐、儲存庫（儲存程式的地方）的結構，並從難度最高的部分按照順序開始說明，但他們完全沒有反應。

中途我突然意識到：「難道大家其實不懂？」我從這次的經驗裡學到一課——即使是非常聰明的人，也無法立刻理解技術內容。

所以，在第二次講解時，我做了充分的準備，**盡量減少資訊，並清楚說明「簡單的內容」。**也就是說，我**認真花時間幫助對方理解。**

這次的結果截然不同。當我掌控好資訊量，條理清晰地從最基礎的內容開始講解，他們瞬間就理解了，並提出許多尖銳的問題。

我認為這類「引導聽眾深入理解核心內容」、高度精簡、減少資訊量的演示，很難用美式的「即興發揮」來達成，尤其對非母語者更是如此。

為了進一步提升簡報效果，我在說明架構時，用PowerPoint製作了三分鐘左右的影片，結果頗受好評，許多出席者也留下了「其他團隊成員也應該看看」等令人高興的評論。

此外，在製作PowerPoint簡報時，日美之間也有喜好上的差異。日本人喜歡圖表或是概念圖之類的視覺化內容，美國人則偏好大字而簡潔的文字。不過，對於比較複雜的概念，製作成動畫會更容易吸引目光，所以日美兩國的人都很喜歡。在美國，重複念出投影片上的文字並不受歡迎，講解時更多依賴大量的口頭說明。

在日本，人們則喜歡將資訊寫在投影片上，以便事後可以查找。

我並不擅長「當場立即思考並反應」，因為日本人習慣事後思考，不擅長即興思考。但是我的老闆阿尼魯德曾經說過：「這樣也很好啊。如果之後有任何好點子，再分享給我。」因此，我會在事後寄送電子郵件給他，他常常會高興地回覆：「真是好主意！」

如果把「準備」和「帶回家思考」變成習慣，就會降低生產效率。按照我在本書第二章的建議，應該盡可能當場解決問題，不過，將優先順序高的案件帶回去仔細推敲，絕對不是壞事。

國際團隊內匯集了不同人種、不同國籍的人，因此大家都能認識到每個人的不同之處。在這樣的環境中，磨練自己的強項，便能成為提升工作成果的有力武器。

提高對他人所需資訊的敏銳度

「對方真正想要的資訊是什麼？」——這是平時就應該有意識的一點，也是徹底提升生產力的關鍵。

首席工程師格雷納是微軟 Azure Functions 團隊中非常優秀的年輕人。她的開發速度既快又準確，對系統的每個細節都瞭若指掌，每當我詢問她問題時，她總能提供命中要點的完美解答。

反觀，當我自己作為被詢問者時，卻很難給出如此準確的回答。

原因是我不清楚對方處於什麼樣的環境，查看日誌時會發現各式各樣的錯誤，但無法確定是哪一個部分導致了問題。在這樣複雜的情況下，找到根本的原因通常需要多次往來電子郵件和訊息，但格雷納總是能在一次的來回溝通中找到「正確答案」。

我詢問導師克里斯：「為什麼格雷納那麼優秀？」他回答：「你不能拿她作為參考。她從實習時就出類拔萃了，其中一個原因或許是因為她總是很認真做筆記。」

雖然不清楚她為什麼能像魔法般準確地找出根本原因，但「做筆記」的習慣似乎是可以模仿的。格雷納會將自己學到的內容、嘗試過的方法整理好，並上傳到名為OneNote的雲端共享筆記系統中，分享給大家。

我自己在做筆記的時候，常常會以「因為是自己要看的，所以自己能看懂就好」的方法來書寫，但她是**按照瀏覽者所需資訊的方式來組織筆記。**

工程師的工作不僅僅是負責開發，還要花費相當多的時間處理他人的諮詢、調查故障等等，甚至還要定期交接工作，這些工作其實非常消耗精力。

所以，與其事後花費更多精力，不如從一開始就將他人需要的資訊以簡單易懂的形式整理好。例如，在附加說明的留言中標注方便使用的查詢（指令碼），複製貼上就能馬上交付給對方；或是將具有參考價值的Pull Request寫在能立即調用的地方。你可以參考上一章介紹的康乃爾筆記法，根據具體情況以簡單易懂的形式做筆記。

像這樣，**平時就以「向他人傳達資訊」為前提做好準備，就能直接減少被詢問時的工作量。**軟體工程師往往只考慮如何提高開發的效率，但如果能簡化這些「非自己主導」的任務，就能將更多的時間專注在自己喜歡的「開發工作」上。我自己也開始有意識地以「方便分享給他人」的形式來書寫文章，只需要轉貼一個連結就能分享內容。而我之所以不惜時間做這些事情，是因為之後只要根據需求來分享連結就可以了。

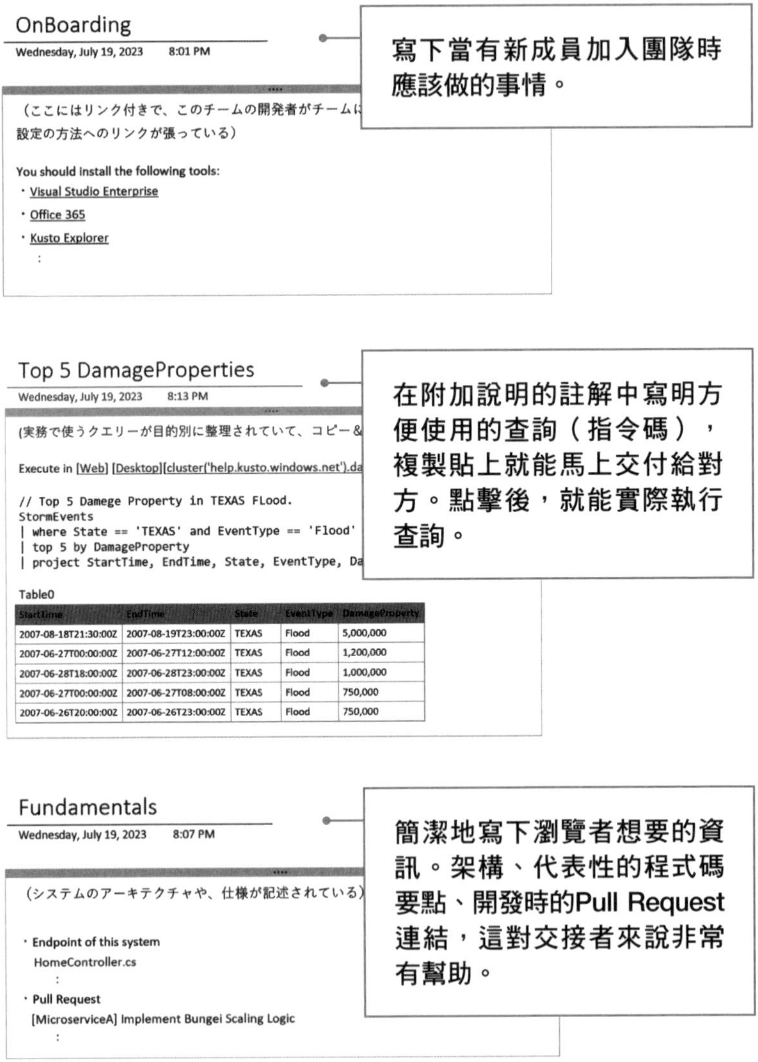
OnBoarding
Wednesday, July 19, 2023 8:01 PM
（ここにはリンク付きで、このチームの開発者がチームに
設定の方法へのリンクが張っている）
You should install the following tools:
・Visual Studio Enterprise
・Office 365
・Kusto Explorer
寫下當有新成員加入團隊時應該做的事情。
Top 5 DamageProperties
Wednesday, July 19, 2023 8:13 PM
(実務で使うクエリーが目的別に整理されていて、コピー&
Execute in [Web] [Desktop][cluster('help.kusto.windows.net').da
// Top 5 Damege Property in TEXAS FLood.
StormEvents
| where State == 'TEXAS' and EventType == 'Flood'
| top 5 by DamageProperty
| project StartTime, EndTime, State, EventType, Da
Table0
StartTime EndTime State EventType DamageProperty
2007-08-18T21:30:00Z 2007-08-19T23:00:00Z TEXAS Flood 5,000,000
2007-06-27T00:00:00Z 2007-06-27T12:00:00Z TEXAS Flood 1,200,000
2007-06-28T18:00:00Z 2007-06-28T23:00:00Z TEXAS Flood 1,000,000
2007-06-27T00:00:00Z 2007-06-27T08:00:00Z TEXAS Flood 750,000
2007-06-26T20:00:00Z 2007-06-26T23:00:00Z TEXAS Flood 750,000
在附加說明的註解中寫明方便使用的查詢（指令碼），複製貼上就能馬上交付給對方。點擊後，就能實際執行查詢。
Fundamentals
Wednesday, July 19, 2023 8:07 PM
（システムのアーキテクチャや、仕様が記述されている）
・Endpoint of this system
HomeController.cs
・Pull Request
[MicroserviceA] Implement Bungei Scaling Logic
簡潔地寫下瀏覽者想要的資訊。架構、代表性的程式碼要點、開發時的Pull Request連結，這對交接者來說非常有幫助。

圖 12　以瀏覽者為中心的備忘錄範例

用「讀者的角度」編寫筆記

我還有另一個與上篇相關的有趣經驗。工程師在寫程式碼時，會使用名為Pull Request的機制，這項流程是：由他人來審核自己撰寫的程式，獲得批准後，修改的部分就會整合至系統中。

當我提交Pull Request時，總是會收到很多評論，讓我疲於應對。比如有人會詢問關於執行的方式，或是有人想修改日誌裡的訊息。實際上，光是寫程式碼和測試只需要兩個小時左右，但處理這些評論的訊息交流，常常需要耗費一週左右。說實話，我很討厭這樣反反覆覆的交流。

然而，優秀的格雷納大概只需要幾次回覆就能結束，收到的評論也很少。我不明白自己和她的差距，試圖採取各種方法改進，但成效不大，我只確定自己讓事情變得複雜的原因並不是「知識不足」。

如果我缺乏某些知識或是理解不足，只要學習就能解決。但是，當我檢視那些被指出的問題時，幾乎沒有看不懂的內容，有時甚至還會想：「我寫的程式碼不是更高效嗎？」我一直以為這只是「習慣不同」的問題。

我跟導師克里斯討論這個困惑時，他指出了一件令人震驚的事情：「大家提出評論，是因為他們看不懂你的程式碼。」

我一直以為，身邊那些技術高超的工程師應該不會看不懂我寫的程式碼。但是，審查者根本就不了解上下文，所以如果出現「為什麼要這樣寫」的疑問時，就會提出評論。也就是說，這些評論並不是因為程式碼運行不順利、效率低，而是因為「看不懂」，才會產生評論。

平時我在寫程式的時候，總是抱持著「寫程式碼」的心態。只要軟體設計正確、運行順暢、程式碼品質優良就可以了。但是，要減少Pull Request上的評論，**還需要在寫程式碼時，同時考慮到「讀者的感受」。**

程式碼其實也是一種「讀物」。

當我以「這個部分好理解嗎？」作為最優先考量來編寫程式碼時，評論數量就會驟減。寫程式時，應該有意識地以讓程式碼的讀者（具備電腦科學知識的人）能夠無疑問的方式來書寫。

格雷納早已習慣這種風格，因此在接受提問時，也會根據「如何讓提問者更理解」

的方式來回答。在提問者需要先決知識，或是自己必須做一些工作才能回答的情況，她的回答會附加必要的查詢（而且還包含程式碼指標的連結），文字簡潔易讀，讓讀者非常輕鬆。我想，這種做法處處展現了她一流的品味。

「線下討論」的重要性

在人們的印象中，程式設計是獨立完成的工作，但實際上這個工作需要大量的溝通。**最費時的不是自己寫程式碼，而是需要與人交流而導致工作進度受阻的時候。**不僅是交接事項，當上司或同事詢問事情時，若能在沒有提前準備的情況下清楚、即時地說明，就能大大提高工作效率。

尤其是「新冠肺炎」之後，遠端工作日漸增加，有時會發生意想不到的溝通陷阱。

有一次，我提交了Pull Request，卻一個多月都沒有被合併（整合至系統），這讓我非常焦慮。我想著如果是克里斯會怎麼做，於是向他請教。他介紹了一個小技巧：

「這種情況對任何人來說都很棘手。當Pull Request越大，往往是溝通不良的徵兆，因此最好要尋求線下討論。」

確實，當時我將Pull Request發送到不同小組的儲存庫（Repository），從對方的角度來看，他們的優先順序是不同的。從儲存庫管理者的角度來看，審查也需要時間，接受請求也存在風險。

那次的案例看似簡單，實際上寫程式碼卻意外發現難度很高，我設法讓程式可以正常運行。但客戶不喜歡這種運行方式，認為可以用更簡單的方法來做，於是他們做了另一個小原型，但嘗試後發現根本無法運作，因此我的方法是唯一可行的，事實證明不可能完全按照他們的理想來行動。

克里斯分析說，像這樣的誤解，如果兩人都在辦公室，應該能更早解決。

當溝通不良的徵兆出現時，**在動手撰寫程式碼之前，就應該意識到「哪些地方不對勁」，馬上找機會進行線下溝通。**遠端工作越多，越應該注意這類型的溝通錯誤。

「快速通話」比線上會議更高效

許多人認為遠端工作就等於工作效率高，但老實說，與面對面工作相比，遠端工作的生產效率並不高。

雖然有些人喜歡遠端工作，但我更偏好和同事們在同一個空間裡工作。雖然軟體開發人員的工作很自由，但在開始編寫程式碼之前，通常會需要大量的交流。

如果是使用文字聊天，向某人尋求建議時，不一定能馬上得到回應，而且即使努力地用英文詳細說明，也常常會被忽略，導致大量的等待時間。即使得到了回應，也可能因為腦海中浮現出下一個問題，造成進一步的延遲。此外，在聊天室中解釋問題時，經常會遇到難以清楚傳達的情況。

遠端工作是否能提高生產力，取決於每個人能集中精神做出多少成果。針對會議，我建議開會時要專注在「簡單的進度報告，與當前的問題分享」，或是像後文所述的「針對問題進行討論」，這樣效率會更高。

線上會議最讓人煩惱的是，如果用英文進行快節奏的對話，對於習慣等待別人講完才插話的我來說相當不利。面對面時可以用白板等工具快速說明的事情，在線上卻變得難以表達。那麼，我們該如何彌補線上交流的不足之處呢？

答案是：**經常使用「快速通話」（Quick Call）**。

觀察周圍的人們，我發現幾乎所有遠端工作效率高的人，都充分利用快速通話。快速通話是指未經預先安排的視訊通話，例如利用Teams等聊天工具詢問：「現在可以快速通話嗎？（Can I have a quick call?）」如果當下情況允許，對方就會回覆：「可以！（Sure!）」接著就會視訊通話，進行一對一的溝通，甚至共享畫面一起工作。

或是，當程式碼無法順利運作時，可以分享畫面給對方，並詢問：「可以幫我檢查一下原因嗎？」（Look at this.）對方就能理解狀況。在多人會議中，如果只有自己不理解，可能會不敢提問，但在一對一通話中，被問到：「你明白嗎？」（Does it make sense?）則可以輕鬆地回覆：「我還是不太懂，可以再解釋一次嗎？」（No. Could you tell me one more time?）。

我經常使用Teams進行視訊通話，但其他工具也能輕鬆共享螢幕畫面，一起作業，其他像是PowerPoint、Word、Excel等工具也具備與他人分享的功能。與其一個人苦思，不如花十分鐘和熟悉的人合作，工作速度能提高十倍。而且與聊天相比，快速通話能即時解答新問題，效率更高。

聲音溝通提供的資訊量遠超過文字一百倍，互動性強、反饋也快。當你覺得直接對話更有效率時，不要猶豫，直接問：「現在方便嗎？」並立即開始一對一通話。

在日本，上司常常會希望下屬先仔細研究之後，再去詢問他人。因此日本人經常會猶豫什麼時候該詢問，以及研究到什麼程度才能詢問。

但是在國際團隊中，**原則上只要自己缺乏該領域的「心智模型」或是「背景」，最好的方法就是立即詢問專家，不需要考慮對方是否忙碌。**如果傳送訊息卻被忽略，就當作對方很忙就可以了。

如果無法立即進行快速通話，可以請求對方安排會議。假如不在一開始就這麼做，可能會導致解決問題的方向完全錯誤，所以必須盡快詢問專家。

我一開始也對邀請忙碌的專家參加會議感到猶豫，心想自己會不會顯得厚顏無恥。但實際試過後發現，我的工作效率顯著地提高，節省了大量的時間。

需要注意的一點是：「要確認問題是否是對方能輕鬆解決的範圍。」如果問題對對方而言需要花費大量精力，應先自行查詢。

如果是相對簡單的問題，例如，分享必要的 Pull Request，說明系統的背景資訊或關鍵部分等內容，這類問題對於熟悉問題的人來說很簡單，可以毫不猶豫地直接詢問，即使對方不清楚，也會指引你去詢問別人。在國際團隊中，每個人都很習慣依賴他人、被依賴，以及拒絕（如果很忙碌的話）。

像這樣，**從一開始就從專家獲得背景資訊，就能大幅縮短完成工作的時間。**當然，如果自己不熟悉某項技術，可能仍需額外學習，但先與專家交流，也有助於減少不必要的學習時間。

從「自己是否能學到東西」的觀點出發

接到快速通話的一方也能得到很大的收穫。只要在通話中提供小小協助，整個專案就能順利進行，最終也會讓自己的工作變得輕鬆。

大多數快速通話都不會花太長的時間，感覺會像是在辦公室裡問同事：「你可以幫我看一下這個部分嗎？」，大概幾分鐘就能結束。若時間不方便，也可以回覆：「我現在不方便，十一點可以嗎？」（Sorry, I'm not available. Are you available at 11 am?）

如果你願意隨時接受快速通話，對方在遇到問題時也會同樣樂於接受你的快速通話。比起在聊天室中一一列舉問題，快速通話可以減少等待和訊息來往傳遞的時間，對彼此來說更為方便。

如果不知道如何查找錯誤，只要快速通話就能馬上知道問題，三分鐘以內的對話就能馬上解決問題。當快速通話成為團隊文化的一部分時，整體生產力會顯著提高，工作也會變得更輕鬆。

在遠端工作中，我需要在懶散與專注的時刻之中有個能明確切換的開關。頭腦疲憊時，可以去跑跑步、鍛鍊身體、看漫畫，當然也會有想集中精神，不想被他人打擾的時間。快速通話的其中一個益處，就是能讓你在一天工作之中，更容易創造出平衡的工作節奏。

在國際團隊中，向人尋求建議的門檻非常低，而接受諮詢一方的心態也十分開放。

曾經有其他團隊向我詢問某項技術，但那並非我的專長領域，因此我只指出了：「從樣本和文件來看，這部分可能有問題。」老實說，自己去研究這問題絕對會花很多時間，但有位同事根據我的回覆，按照教學文件實際操作並回報說：「我用這個方法，成功了。」

換句話說，即使這位同事和我一樣不了解該領域，但他仍親自嘗試並解決了問題。他花費很多時間改寫程式（reproduce，重現軟體的問題），從而在自己不熟悉的領域中獲得學習經驗。當我在和克里斯談論這件事時，他告訴我：「當你不懂的時候，就更應該要改寫程式，這樣最有效率。」

如果只從「我需要花多少時間」的角度考量，就不會主動這樣做；但從「自己是否能學到東西」的觀點出發，將其作為學習的機會，就會讓人大開眼界。

雖然有時候我覺得回覆問題很麻煩，但每個問題都是自我成長的契機。從中長期來看，嘗試自己能力以外領域的改寫程式和除錯，是一項非常不錯的投資。

營造「輕鬆拒絕氛圍」的重要性

總體來說，越是優秀的技術高手，越能坦率地承認自己不了解的問題。我認為這與美國文化有很大的關係。詢問自己不懂的事物並不可恥，被詢問的一方也不會感到不快。

我記得在某次蘋果公司的產品發表會上，史蒂夫・賈伯斯在介紹iPhone的新功能後，有位聽眾在提問環節中問：「可以告訴我新功能的特點嗎？」我心想：「這不是剛剛才講過嗎？」但賈伯斯回答：「Good question!（問得好）」，接著又把剛才的解釋一字不差地重複了一遍。

在微軟職場中，即使是非常優秀的人，也會輕鬆地向旁人詢問自己不懂的事，也會問那種在日本會讓人覺得「咦？你怎麼會問這種事？」的問題。即使詢問如：「什麼是Azure？」這種初級問題，也不會有人覺得不妥。

實際上，當所有人都能夠毫無壓力地提出問題時，整個組織的效率會大幅提高。向比自己更了解的人請教，可以快速獲得答案，若是自己摸索，雖然能培養研究的能力，但往往會需要花費更多時間，直接詢問他人會更高效。

這種「輕鬆提問的文化」背後，有一個至關重要的支柱——「能夠輕鬆拒絕的氛圍」。就如同跑車之所以能快速行駛，是因為擁有好的煞車性能，隨時都能停下。

舉例來說，假設你參加一場黑客松，有位同事負責協助你。當你向他們求助時，他們可以輕鬆回答你，但如果是自己不懂的問題，他們可以簡單地回覆：「你可以去問某某人」、「嗯，我也不確定，你要不要去問客服？」這樣的態度不只展現在公司內部，在面對客戶時也是相同的，獲得幫助的一方會笑著回應：「謝謝你的幫助！」然後結束對話。

如果是在日本，一旦客戶提出疑問，接待方往往會自己聯繫客服，負責到底，甚至承諾「稍後再回覆您」。這種「負責到底」的態度在日本非常普遍，比如在黑幫電影或《男人真命苦》之類的電影中，常常能看到類似的態度：「不能拒絕這樣的請求啊！」這正是日本人的性格。

這雖然是很好的美德，但在軟體開發的效率上，卻會造成許多浪費。**如果無法提供幫助，只需要快速地說聲「對不起」，對提問者和被詢問者來說都更輕鬆。**

題外話，我最近買了一台大螢幕，結果因為故障，無法正常運作。我聯絡客服中心，客服人員說：「可能是電線接觸不良，請再多試幾次」，我將嘗試過的結果回覆給客服人員，他說：「照情況來看，這屬於初始故障。」並傳送了FedEx的QR code給我，輕鬆地答應退貨，過程中完全沒有道歉，十分乾脆。我甚至不知道問題是否真的出在螢幕本身，但這種乾脆的態度是很典型的美國風格。他們真的很果斷直接。

透過討論鍛鍊思考

對於自己不知道的事情不感到羞恥，並積極詢問的精神，在微軟的會議中表現得淋漓盡致。這些會議不僅僅是報告工作進度，也常常會進行討論。

起初，我對「討論」有一種先入為主的印象，認為只有對某個主題非常了解的人才能參與，因為這是一場「誰的意見正確」的勝負過程。我認為「初學者應該先學習，再參與討論」，也擔心自己的發言會偏離主題。

但是，在微軟，討論的目的是「交換意見、加深對知識的理解和思考」。大家將討論視為發現自己未理解、未意識到之事物的有趣機會。

即使只是共享相同的資料，**靠著討論現場的即時回饋，就能在短時間內加深知識和理解。**

即使對該領域一無所知，也能參與討論，不一定要提出精闢的意見，光是說出：「這個部分我不太明白」、「這個詞是什麼意思？」等問題，也是很有意義的參與。

如果是從零開始學習，透過進入雙向回饋的環境，就能加快理解的速度。對於教導方來說，了解對方不理解或容易卡住的地方，也是一種幫助。雙方都能因此獲益。

討論的意義不在於「誰對誰錯」，而是讓自己加深思考，對初學者來說十分容易執行。關鍵在於，徹底拋開任何「如果錯了會很丟臉」的想法。

那些優秀的技術專家對於自己不知道的事，也都是抱持著「不知道就不知道」、「錯了就表示自己理解得不夠深」的想法，並不以此為恥。不懂裝懂反而更丟臉，事後再去偷偷調查也會降低效率。如果當下深入詢問清楚，直到理解為止，就能立即產生價值。

透過討論，我們還能培養的另一個重要能力就是「尊重彼此有不同意見的權利」（Agree to disagree）。

「Agree to disagree」這個詞，是曾擔任日本微軟公司技術傳教負責人的伊藤小姐教導我的。**它的意義不在於誰對誰錯，也不在於你是否同意某個觀點，而是在於「理解與認可對方的能力」**，換句話說，就是理解：「啊！原來你不同意這件事。」

這種能力與「同理心」（empathy）的概念很相近，即便無法產生共鳴，也能在理智上理解對方的觀點。在國際團隊中，特別需要這種即使無法達成共識也能理性地理解、共同推進工作的能力，而不是「同情」（sympathy）。

在微軟，即使同事之間意見不一致，我也從來沒有看過情緒激動或爭執的場面。大家會直接地說出自己的意見，即便有不能完全接受的部分，大多數的時候也會回覆：「謝謝你幫助我理解。」

「接受多樣性」、「尊重他人」並不是空泛的口號，而是日常工作中必須的實際溝通能力。在國際團隊中，不同國籍、種族、文化的人們聚集在一起組成了團隊，認知上的「常識」和「道德」未必一致，「不同」才是世界的常態。

題外話，我以前在英國短期留學時，寄宿家庭的媽媽曾經提到：「學校裡有一位非常暴力的吉普賽人（又稱羅姆人），他的父母也是，因此學校不得不專門為他們雇用保鑣。」我聽了之後說：「他們都來英國了，為什麼不能好好遵守英國的規則？這樣只是在浪費學校的資金。」

然而她對我說：「你的想法是不對的。雖然在我們看來有些無理取鬧，但那是他們的文化，我們必須尊重。」而這句話改變了我對世界的看法。

即使是自己難以理解的意見與行為，我們也必須給予尊重並接受。與其執著於評判對錯，不如抱持著「從不同的視角，加深自己的思考和知識，這很有趣！」的觀念。

即使觀點衝突，也「不否定」

在這一節，我想舉一個實際的例子，展示在國際職場中共事的人如何接受不同意見，這可能跟我們想像的情況差距很大。

某次，我受託發布某個應用程式，在邀請多位同事進行審查之後，我對經理說沒問題，預計當天會發布。但在審查評論中，我沒有回覆某位同事的評論，說實話是因為我覺得那是不太重要的問題，但又覺得不回應很失禮，因此決定跟他本人聊一聊。（以下會出現專業術語，但請不用在意，只要感受談話的氛圍即可）

牛尾：關於這段程式碼，你提出想要取消「注解排除」（Uncomment，編輯程式碼時，暫時阻止處理特定的部分），但我進行注解排除是為了避免執行時出現錯誤。例如，在這種情況下，許多人由於沒有該服務的帳戶，會無法使用。

同事：原來如此。但我的看法是，這會讓人很困惑。我建議取消注解排除，把它移到不同的目錄？

牛尾：（心裡想：現在改的話，我會完蛋的……）我明白你的想法，但我預計今天發布，如果再做變更，所有語言的範例都需要修正以及測試，會讓進度回到原點，我在文件中有詳細地記載。

同事：真的很抱歉在最後一刻提出意見，我是因為感到困惑才寫下評論，決定權在你手上，你完全可以忽略我的意見。

牛尾：因為這個Pull Request的範圍很大，我會先進行整合工作，然後再思考如何對應，謝謝你給我的評論。

同事：也謝謝你。

在這個案例中，我收到了相當嚴厲的評論，讓我感覺至今為止的努力都崩塌了。由於各國技術同事的風格迥異，像他這種不看文件，只看程式碼的人，可能無法理解注解排除的意義。

最後，我還是決定修改這部分，努力工作到凌晨三點才修改好。雖然很辛苦，但我沒有因此感到受傷或是不快。因為最終該怎麼做，是自己決定的。同事的評論並沒有否定我，或是否定我的點子。同事對我的尊重不僅體現在語言中，也體現在行為舉止上。

在英語系國家中，發表反對意見或自己的意見時，常會使用「In my opinion」。意思就是「我的想法是」或是「請容我闡述自己的意見」。用這種表達方式，即使和對方的意見相異，也不會讓人覺得「受到很大的打擊」。

如果是軟體工程師，透過查看英語系國家在GitHub上的評論和討論方法，就能馬上掌握這種風格。在一些治理良好的儲存庫中，討論雖然很激烈但也很和平，充斥著「感謝的話」和「我的想法是……」等等的表達方式，所以心情會很愉快，討論也會高效地進行。

相比之下，在日本提出反對意見是一件令人壓力很大的事，非常難以啟齒。但是我到美國之後，因為討論中沒有讓人感到「內心痛苦」的時刻，因此覺得交換意見是一件快樂、很有幫助的事情，我在表達意見時也不再猶豫不決。

只要遵循「不否定對方」、「不否定對方的想法」，以及「根據自己的想法發表意見」，就能在不傷害彼此心理的情況下，提高討論的效率。

這不僅適用於線下實境，也適用於社群媒體。日語圈中常見的針鋒相對或互相攻擊，真的會讓人感到鬱悶，即使說的內容是正確的，若措辭不當，就很難達成有建設性的相互理解。

「會話能力」能間接提升工作效率

當你體會到參與「討論」的樂趣以及高效率後，就會更積極地想提升英文能力。

工程師對英文能力的看法各不相同，很多人認為電腦領域的技術人員「只要能夠讀寫英文就可以了」、「反正幾乎不需要說話，能聽懂演講就足夠了」，因此不太重視會話。老實說，我學習英文只是出於興趣，並非出於「身為工程師的需要」。

我的同事們都和我一樣，英文是他們的第二語言，歐洲人、南美洲人、印度人、中國人等等，大家都用英文進行討論。即使英文不太好，他們也能說出自己的想法，對於其他人的意見也努力傾聽並理解。看到這樣的場景，我深受啟發。

在國際職場中，需要的不是高分通過多益考試的語言能力，而是表達自己想法，並理解對方想法的「會話能力」。會話能力很大程度上取決於「決心」和「熟練」。與其說是技術問題，不如說是態度問題，只要積極地累積經驗，最終就能有所收穫。

在討論時，與其說大家在爭論對錯，不如說是從「不理解」到「理解」的反覆對話。透過說出自己的想法，接受反饋，互相加深彼此的思考和知識，再說聲「謝謝你的

圖 13　參與討論的心態

幫助」以表示感謝。

也就是說，越能享受討論的人，就是勝者。即使遇到意見不同的人，也能從中得到有趣的反饋，並且因為能聽到不同的意見而感到開心。若有不理解的事情，就坦率地說出來吧！無論對方是誰，自己最終都能從有意義的反饋中受益。

專注於分享彼此的知識、互相幫助、共同進步，並享受交流的過程。同時，注重這些對話帶來的生產力提高。透過養成能夠進行「討論」的能力，就能適應國際環境，工作效率也會提高。

如果因為對自己的英文口說能力缺乏信心，而無法從討論中受益，那實在太可惜了。我的性格容易焦慮，因此會更想進一步提升英文能力。

近年來，重視討論的國際性會議日益增加。DevOpsDays等活動也不再局限於知名人士的演講，而是開始重視參加者之間的討論。因此我希望大家不要膽怯，盡情地享受這份樂趣。

遇到困難時，為了使團隊整體變得強大，培養能夠輕鬆交流彼此見解的交流文化非常重要。不要害怕傾聽和依賴他人，同時，也要樂於助人。

老實說，我本來也不擅長討論，但透過工作，我逐漸學會「依賴他人」。我的健身教練曾經跟我分享這句名言，也適用於我的工作：

「大家都認為教練對於初學者來說是必要的吧？但是就連奧運選手也需要教練，不論是誰，都需要向有經驗的人學習。」

第5章

建立「僕人式領導」與「自組織團隊」提高生產力

用「僕人式領導」提高工作效率

本章將介紹能帶來「高效」和「樂趣」的管理模式。多年來，我一直在思考如何改善日本軟體技術發展緩慢和理念僵化的現況？最後，我從國外先進團隊的做法與思維模式獲得很大的啟發。

自二〇〇一年敏捷式軟體開發推出以來，**「僕人式領導」（Servant Leadership）管理模式便成為業界主流**。日本企業常見的傳統領導模式屬於「微觀管理」，是透過「命令與控制」進行管理，也就是上級向下屬下達指令，並監督下屬完成工作。

而**採取「僕人式領導」（又稱「服務領導」）的上級雖然會訂立願景和KPI目標，但實際執行方法是由開發團隊自主思考後決定。**這個觀點源自一九七〇年羅伯．格林里夫的著作《僕人領導學》（The Servant as Leader）。在進入微軟前，我曾經擔任敏捷式開發和DevOps開發營運的教練，所以對「僕人式領導」的概念並不陌生，但進入微軟之後，我驚訝地發現，不僅是軟體開發部門，整個龐大的公司運作都是遵循「僕人式領導」管理模式。

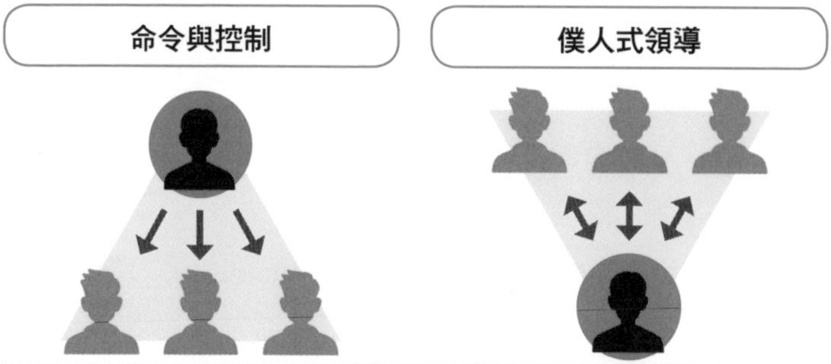

在「命令與控制」制度中，管理階層向部下下達指令。
在「僕人式領導」制度中，成員才是主體，管理階層的任務是為成員排除障礙。

圖 14 「命令與控制」與「僕人式領導」的差異

上級針對願景、戰略、KPI這三項立下明確的目標，但不會給予工作指示。**與日本企業相比，即使是第一線員工也被賦予相當大的權限，可以自行思考如何執行工作。**

我問過在其他外商公司工作的朋友，對方表示「僕人式領導」管理模式逐漸成為主流，由上級下達命令的「命令與控制」管理模式已經過時。

我認為，日本企業也應該改採「僕人式領導」管理模式。《為什麼日本企業員工如此消極？》（*Creating Motivated Employees in Japan*）是一本十分有趣的書，作者暨經營管理顧問蘿契．柯普表示，在日本，「微觀管理」當道，賦予第一線人員的權

受雇者	利益相關者
需要大人的監督（管理）。	**需要領導能力：**自己提出願景，並根據願景開展工作。
需要用如同對待小孩的方式來帶領：需要大量的界線、框架、指示、管理、監督、斥責或溺愛、保護。	**需要是大人：**需要提出願景、支持、擁護者、社群、工具以及創造、革新、製作的場域。
使用者／借款人（公司借給我工作所需的物品）。	**所有者**（自己擁有任務、工作、流程、電腦、辦公桌、下屬、團隊、部門、公司）。
花費時間得到回報：上班1年，加薪3.25%。	**從結果得到回報：**衡量客戶滿意度，每天堅持執行就能獲得更高的收入。
言聽計從：不可懷疑掌權者。	**探索並質疑一切：**理解權力取決於其他職位的健全性。
累積知識：獨占知識才能穩定自己的工作。	**協助他人成功：**透過幫助他人來穩定自己的工作。
以時間為基礎：早進公司，加班到很晚，所以我是好員工。	**以結果為基礎：**迅速達成優秀的成果後回家，用更少的時間做更多的工作，所以得到回報。

部分引用自蘿契．柯普《為什麼日本企業員工如此消極？》

圖 15　受雇者和利益相關者（僕人式領導）的差異

力很低。

這兩種管理模式最大的區別在於，「微觀管理」將團隊成員視為「受雇者」，而「僕人式領導」將團隊成員視為「利益相關者」。如圖15所示，在美國的日本企業工作，更能深刻體會到管理者如何將員工當作「小孩」對待。

日本企業不要求職員主動思考和行動，工作準則就是「做這個，不要做那個；這樣做之前務必要取得上司許可……」。某個在日本大企業工作的職員不禁感嘆道：「即使是部門的部長，也沒有權限動用區區一百萬日圓（約新台幣二十二萬元）。」

而在微軟，每個人都有相當大的權限自由裁量，而且規則很少。公司職員的工作電腦也沒有設限，如果有心要洩漏公司機密也不是難事。但大家都是成年人，不會做那種事，況且若是被抓到，就必須支付鉅額的賠償金。

平日工作上也不會有上級指手劃腳，公司頂多要求員工定期參加行為規範教育課程「Business Conduct」（不是用「上級下達的指令」那種模稜兩可的說詞規範員工行為，而是按照「制度」有效執行資安措施）。最重要的是，技術人員得到「專業人員」應有的尊敬和器重。每個人都擁有自主思考、實行、測試全球雲端架構的權限，工作皆由自己主導。不只是我，我的同事們也是如此。

放手讓員工「自組織團隊」

我曾在日本長年擔任軟體開發顧問，負責對企業推廣敏捷式開發和 DevOps 開發營運。敏捷式開發始於二〇〇〇年左右，而DevOps則是始於二〇〇九年，近年來日本也有許多企業開始嘗試這種做法。

而其最大的特色之一就是**「自組織團隊」(Self-Organizing Teams)**。日本的企業一般是由上級下達指示，下屬聽令行事。但是隨著敏捷式開發推廣，全球軟體開發業界逐漸傾向讓「團隊」自己思考及決定，由名為「Scrum Master」的角色負責支援團隊，確保專案順利進行，並由「產品負責人」（Product Owner）與團隊成員共同腦力激盪專案項目與目標。

以下是「自組織團隊」的三項優勢：

---

❶ **生產力高。**

❷ **團隊參與度**（**滿意度**）**高。**

❸ **採取的解決方案更好。**

第一項優勢「生產力高」，對於達成專案進度至關重要。日本企業的「微觀管理」要求下級行事前需要說服上級，取得批准，事事協商和協調，無論做什麼決定都必須花

費時間。

信任開發團隊，由團隊內部決定專案的假設和規範、軟體的架構和使用的技術，速度就能快上許多，**任務也交由團隊自行分配，讓成員各自選擇自己想做的工作。**

國外團隊非常重視成員是否「樂在其中」，也就是第二項優勢「團隊參與度高」。讓團隊成員獨立思考，以專業的態度工作且樂在其中，不僅比接受指令「被迫」工作快樂得多，執行自己覺得有趣而提交的專案，生產力也能提高好幾倍。

而最後一項優勢「採取的解決方案更好」不難理解，因為最了解軟體開發技術最新發展的人，是每天使用程式工具和語言進行編碼和操作的第一線人員。而已經許多年沒有親手設計程式的經理，對新技術自然不夠敏銳。

因此，最好的做法就是讓第一線人員自主選擇。當然，也有少數領導者對於最新技術特別敏銳，比如日本軟體開發公司Groovenauts, Inc.的社長最首英裕。他親自解鎖各種新技術，並推薦給團隊，不過他從不強迫團隊成員接受自己的建議。

基本上，領導者管得愈多，團隊就愈需要等待指示，進而變得愈來愈不能獨立思考，最後成為沒有他人指示就無法行動的群體。

在日本職場中，普遍認為「能忍耐的人」是大人；但**在國際職場中，則認為「對自**

己的想法和認知負責的人」是大人。雇傭制度也大不相同，日本企業的員工即便工作參與度很低，可能也不會被炒魷魚。

那麼，當日本企業進軍海外時會發生什麼情況呢？近年來，很多日本企業選擇成立海外分公司，如果當地雇用的工程師對工作內容不感興趣，就會跳槽到其他能做得更開心的企業。

據說，樂在工作中的程式設計師，生產力能提升十到二十五倍。讓公司全體人員遷就「低技能人員」的管理模式早已過時，為了提升全體人員的生產力，創造一個能讓員工樂在其中的環境十分重要。

每位軟體開發人員都像是一間獨立商店

我剛進入美國微軟的開發團隊時，認為團隊結構應該是因應敏捷式開發和 DevOps 建立而成，但實際情況卻比想像中得更先進。簡單來說，微軟的軟體開發部門就像是「集合了各式各樣的獨立商店」。

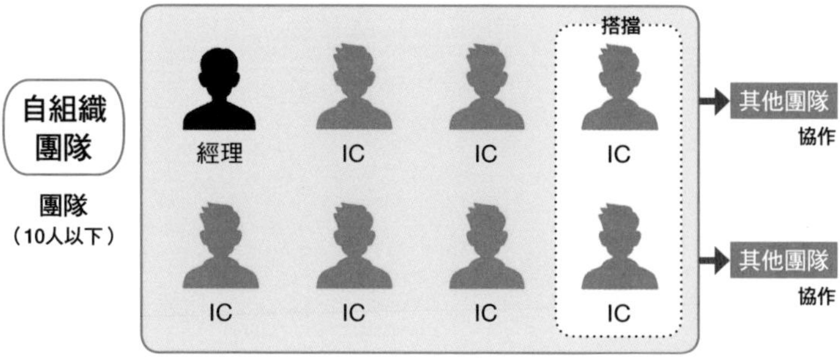

經理指派任務由各IC來執行。即使是大型專案，也只由10人以下的團隊相互協作推進。

圖 16　自組織團隊示意圖

在微軟工作沒有統一的流程，基本上管理團隊的方法也取決於各個團隊，無論多大的專案，都由少數人組成的小團隊負責。在日本企業中，大型專案通常需要大量人員參與，但在這裡，負責開發和營運全球雲端的團隊卻只有十人左右，規模很小。而且，微軟開發各項功能的任務是交付給「每一個人」。

圖16中的「IC」是指「獨立貢獻者」（Individual Contributor），每個人都像是一間獨立商店。由於經理指派的待辦事項清單彈性空間很大，所以IC必須自己確定規格，再設計，最後明確實行。圖示最右邊用虛線圈起來的那一組搭檔成員，負責開發「scale controller」，其他成員則負責平

台的基礎設計工作。

團隊中負責維護同一微服務的人，會像是搭檔一樣。例如，負責開發「scale controller」的成員向搭檔提問，他會馬上回答，但是在其他團隊，因為每個人負責的專案內容不同，提出問題後通常一天只會收到一次回覆。

每個團隊的人數不能超過經理力所能及的範圍，無論是老鳥還是菜鳥都要負起責任，執行各自的工作。由於平台基礎相當龐大，團隊內部會分成幾個小組進行，由同一名管理人員統籌，若有組員遇到困難，他就會伸出援手。

「信任員工具備實力」的工作文化

外國企業與日本企業的經理角色截然不同。日本企業的經理負責管理專案進度和工作分配，就像是指揮程式設計師和軟體開發人員的角色。但外國企業在「僕人式領導」的體制下，經理關注的是團隊每個成員的精神層面。

「小剛，你工作開心嗎？」

我在日本微軟的主管達米安經理和我進行一對一面談時，一定會問我這句話。團隊其他成員和達米安都來自不同國家，但只有我是日本人。假設我回答「工作不開心」，達米安就會找我面談並提供協助，好讓我愉快地工作。**微軟的經理十分關心且大力支持團隊成員樂在工作**（或許團隊成員的幸福感也是管理者績效考核的標準之一）。

因此，在我們的團隊中，從來沒有人說過「工作很無聊」、「對工作不滿」之類的話。經理主動詢問團隊成員「做得是否開心」，藉此確保「樂在工作中」的愉快氛圍。

不僅是我所屬的團隊，其他國籍的團隊，以及我去英國工作期間，公司多數人員看起來都樂在其中。和其他同事交談時，即便他們有什麼煩惱，也從未抱怨過「工作很辛苦」。

這都多虧了「工作是一種享受」的文化。

在日本的職場中總是瀰漫著一股「忍耐一下」的氛圍，認為「工作很開心」的人並不多。生活在日本的母親也告訴我：「你很幸福，能把自己喜歡的事情當成工作，但並非社會上所有人都是如此，大家都在忍耐。」

但是，無論是誰，在自己可以盡情享受的環境中，才能更好地發揮實力吧？公司每個成員都發揮自己的特質，朝著目標前進，而老闆則從旁協助員工達成目標，這樣的管理模式不需要「聽從他人的指示」，因此非常有效率。

達米安是我至今遇過最棒的經理，他經常發表自己的夢想：「我希望有一天這個團隊可以成為世界上最棒的工作團隊。」

我在他的團隊裡經歷了一件雖然很小，但卻非常感動的體驗。

在某次年度考核中，達米安對我在日本微軟交出的成績非常滿意，把我捧上了天，我對他說：「這不是我的功勞，達米安幫了我很多。」

「是誰在黑客松取得成績？是誰在de:code和其他活動中大展身手？這不都是你完成的嗎？」

其實達米安彌補了我許多不足之處，但他毫不吝嗇地說：「都是你完成的！」

那天正好是在Skype上開視訊會議，想起先前的種種，我不由得哭了起來。在執行專案的過程中，**他願意相信初次見面的我，將一切都交付給我**，雖然過去也與許多優秀的人才共事過，但我還是第一次受到這樣的待遇。與「不行做這個、不行做那個」，把員工當作小孩對待的日本企業相比，簡直天差地別。

讓人感到幸福的公司，和「只做交代的事情就好」的公司，用人的標準自然也天差地別。而意識到這一點的人才，可能會為了追求國際職場環境而選擇離開日本吧。

可能有人認為「僕人式領導」管理模式成立的前提是外國企業裡充滿才華洋溢、經驗豐富的人吧。我曾經也抱持這樣的想法，但實際在美國微軟工作後，我完全改觀了。

無論是新人或是實習生，微軟的經理都一視同仁。即使當事人還沒有自覺，經理依然相信他們做得到，團隊其他成員也會幫助他們完成工作。在日本職場中，新人被視為「什麼都不會的白紙」，只能負責做 Excel 表格之類的簡單工作，但如果上級將新人視為「能幹的人」，新人就能在周遭協助下完成工作，相關技能也能很快上手，培養出自信。得到上級信任，還被經驗豐富的前輩平等對待，**面對超出自己能力範圍的工作也能找人幫忙的安心感，都有助於新人成長。**

對團隊來說，能獨立思考的成員是多多益善。

經理的職責是「提供支援」和「解決阻礙」

那麼，經理具體該如何支持獨立自主的團隊成員呢？

達米安就是很好的典範。他確保團隊擁有共同的目標和任務，且明確地用數據呈現這些目標，不強人所難。他會非常親切地和我一起討論，設定目標，而**在我煩惱該如何達成時，他也會給我很多建議，但從不會詳細地指示我「做這個、做那個」。**

在每週三十分鐘的一對一面談中，他會與我相互分享事情，討論團隊的目標，若我有煩惱想要諮詢，他也會給我建議與幫助。他從來沒有說過「要向誰看齊」之類的話，而是幫助所有成員發揮自己的特質。

經理的主要工作是解決阻礙（unblock），也就是**幫忙排除IC在工作上遇到的阻礙。**例如，IC在技術上遇到困難，詢問團隊以外、對相關領域熟悉的成員，卻得不到回覆，導致工作無法進行。此時經理就會幫助IC解決阻礙，聯繫他人、請求他人協助，以及提供技術上的建議。

達米安總是抱持著「支援成員完成工作」的立場，臨近最後交貨期限時，也會提醒我。他不會指示團隊成員怎麼做，也不會試圖要團隊聽命於他，而是嘗試理解並幫助各個成員。

微軟工程師的地位其實更接近「個人經營者」（Sole proprietor，比起「利益相關者」更上一層，基本上是由自己一人經營工作）。雖然經理會幫助、引導我們達成「本期任務」，但具體的工作內容是由個人決定的。與經理討論時，IC可以挑選自己想做的題材，獨立思考企畫，若不知道該怎麼做，或是遇到技術上的困難，可以諮詢團隊其他成員和經理，很快就會得到幫助。

經理還會根據每個IC對自己未來的期望，提供中長期職涯諮詢和協助，例如提升專業技能，累積豐富的職業經驗。

大多數工作沒有設定期限，經理也不會催促

前面章節提到日本企業應該要「放棄死守交貨期限的神話」，如今外國的軟體開發業界幾乎沒有交貨期限了。

在微軟，除了在公司最大型的活動「Microsoft Build開發者大會」簡報中發表的專案有交貨期限外，其餘專案幾乎都是順其自然。

這與「接受不確定性」的心態有關。全球雲端平台的運作有許多變數，原以為一週就能完成的工作，可能因為技術上的問題，最終花了兩個月左右才完成，這類預料之外的事情頻頻發生，大家也就司空見慣了。

畢竟是全球都在使用的平台，如果為了嚴格遵守交貨期限而貿然上線，可能會亂成一團。或者工程師無法正確理解專案需求並做出良好的架構，後果反而不堪設想。

所以微軟的經理絕對不會催進度。他從來沒有叫我「做快一點」，即使我說「不好意思，這麼晚才做好」，他仍會鼓勵我「不要太在意，這是常有的事情」。

有一次我們團隊想要盡快發布一項新功能，經理雖然支持我們，卻也認為「與其匆忙發布不夠好的東西，不如發布自己真正有信心的東西」，若是只顧著按照預定計畫發布新功能，之後出現問題會很麻煩。

如果程式設計師可以製作出良好的產品再上線，未來軟體開發的速度也會更快。因此，作為經理，不急於求成也是「對未來的投資」。

日本企業往往會感到驚訝：「沒有交貨期限要怎麼做事？」**在微軟，我們會依據「待辦事項清單」和重大計畫來安排工作。**經理根據企業戰略（strategy）和用戶反饋，大致整理出這期的開發計畫，分配給IC。

專案經理也會從中挑選出自己認為值得做的項目。達成目標以及發布的時間因專案而異，快的話大概一週就完成，而有時候覺得能馬上結束的工作卻花上半年的時間。

甚至也常常發生無法在當期完成的情況。或許是因為專案比想像中困難，或者是某個系統需要修改，導致工程師無法如期完成，囿於各式各樣不可預見的因素，即使團隊做好了事前準備，做不到的時候就是做不到，並不會因此受到責備。

反觀日本企業，交貨期限真的那麼重要嗎？以微軟為例，除了我前面提到、預計在「Microsoft Build開發者大會」發表的新產品需要遵守交貨期限外，其他例行工作，比如某個功能延遲一、兩週上線會造成多大的影響？

還可以從另一個角度想，**經理一旦將工作分配給某個程式設計師（或是團隊裡有人主動請纓），就應該「用人不疑」**，相信這個人是最適合的。如果這位工程師盡力了，那這就是他現階段能拿出的最好表現。

開發全新的原始碼本來就很耗費時間。第一次被分配到相關工作時，工程師可能會花費很多時間，但到下一次時，工程師在該領域的效率就會提高。這是一種以信任為出發點的管理方法。

如果工程師個人成長不夠顯著或是不太適合，就會被分配到其他工作。所以每個工程師對於自己想做的工作都會努力做出成果。

我曾任職於兩家美國企業，從來都沒有被上司言語中傷過。

在日本，我常常感受到一種壓力，似乎「作為工程設計師就應該要心甘情願地接受任何批評，在互相抨擊中成長」。就像日本戰國時代的武將大喊：「願受七難八苦！」

我經常在想，難道沒有吃得苦中苦就無法成為專業人士嗎？在美國職場中，大家都認為「是否快樂」很重要，完全沒有「忍耐吃苦」的概念。

之所以如此，是因為**大家都認為「自己」最重要，將自己的幸福放在第一順位。**沒有人會認為自己需要符合其他人的期望，而且，不僅自己幸福，其他人也要幸福，重視「活出自我」。既然是為了自己和他人的幸福而活，那麼辛苦工作，搞得身心俱疲，就得不償失了。因此，經理都希望團隊成員在職場中開心幸福。當然，雙方也會有意見對立的時候，但要說在這種情況下，日本與美國有什麼不同，那就像上一章提到的，美國人「從不否定」。

例如，在討論設計和實施方法時，他們會相當直接地表達意見，像是「我是這樣想的」、「這樣不會有問題嗎？」。但這只是「意見不同」，並沒有指摘對方是錯的，而是藉由與他人腦力激盪，選出最合適的方案。

最後即便自己的方案沒有被採用，討論過程也使人心情愉悅，因為討論當中沒有輕視、嘲諷等「否定他人」的情況。

我聽說在外國，日本企業出身的經理常被人控訴職權騷擾。為什麼？我在日本職場中屢屢聽到「你錯了」、「這絕對是錯的」之類的言論，但在國際職場中，經理抱持這種居高臨下、自我中心、想要在下屬面前占上風的態度，不僅完全行不通，引起訴訟的風險也很高。

雖然英文不像日文有所謂的敬語，美國人也常常給人直言不諱的印象，但出乎大家意料，他們在委託他人或提出意見時，即使是上司，措辭也相當客氣，比如「如果你不介意……的話，我會很感激」、「能請你幫我做……嗎？」。

我們應該將「不否定他人」作為職場文化的出發點。

如何建立「自組織團隊」？

壓迫他人工作的時代已經結束了。

我曾讀過一篇名為〈Scrum在亞洲不管用〉（Scrum does not work here in Asia）的報導，其中指出：「歐美國家計畫將Scrum工作模式導入各個組織機構，但在亞洲，Scrum僅有軟體開發團隊買單。」

「Scrum」是實踐敏捷式開發的方法之一，能幫助團隊解決複雜的問題。當初我聽說要將「Scrum」應用在公司整體營運的時候，也覺得「Scrum是軟體開發的方法，不可能適用於所有事情」。

歸根究柢，是因為在日本，即使是採用敏捷式開發的系統整合商（SIer），「由上而下」管理的色彩也很強烈，與外國「團隊自主行動」、「工程師獨立判斷」的職場文化相去甚遠。

日本企業如果認真想組建「自組織團隊」，只改變軟體開發團隊是不夠的。即使成功將開發部門改為自組織團隊，但高層的管理模式依然是「命令與控制」，那麼團隊還是很難自立。或者即便高層改變，中階主管仍可能繼續採取命令與控制的管理方式。

至少在軟體開發業界，如果公司整體不轉變為由小團隊或個人獨立自主解決各種問題的「自組織型態」，一切就只是徒勞。

即使是全球化的系統開發工作，實際上也是由小團隊完成的。許多科技公司旗下，最大的團隊頂多二十五人左右，Amazon有所謂「two pizza team」（意指能分完兩塊披薩的團隊人數），軟體開發僅需要少數人員即可完成。微軟旗下也有很多團隊的規模都不大，只有大概十人，且團隊成員有權自主裁量，決策速度快。不過，畢竟是全球使用的系

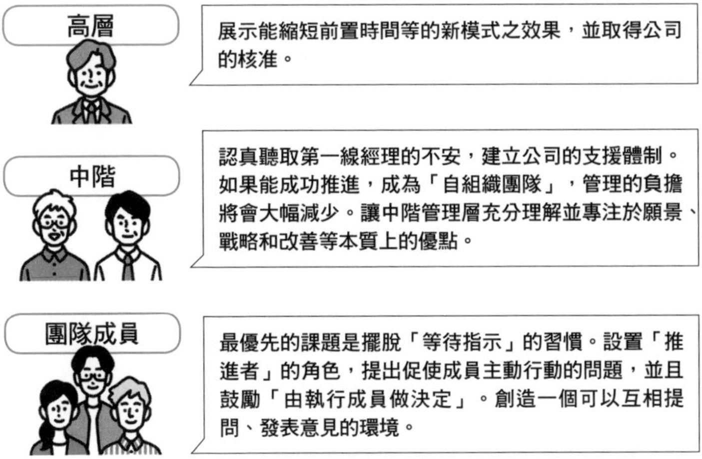
高層
展示能縮短前置時間等的新模式之效果，並取得公司的核准。
中階
認真聽取第一線經理的不安，建立公司的支援體制。如果能成功推進，成為「自組織團隊」，管理的負擔將會大幅減少。讓中階管理層充分理解並專注於願景、戰略和改善等本質上的優點。
團隊成員
最優先的課題是擺脫「等待指示」的習慣。設置「推進者」的角色，提出促使成員主動行動的問題，並且鼓勵「由執行成員做決定」。創造一個可以互相提問、發表意見的環境。

圖 17　建立「自組織團隊」的技巧

統，所以該慎重之處還是會慎重行事，但不是根據上級的指示，而是根據工程師自己的判斷。為了讓「自組織團隊」發揮作用，必須進行相關的人事制度改革，否則就會引發爭議。

那麼，具體來說，日本企業要建立「自組織團隊」，需要注意哪些事項呢？

高層領導者

首先，由於日本企業的上下級關係比較嚴謹，所以盡可能得到上級同意會比較好。推動敏捷式開發和DevOps等模式時，需要先取得共識，並翔實記錄下來。明確說明導入的原因和目標，並承諾定期回報，讓對方更安心。

如果可以的話，不妨利用第二章介紹的價值流程圖（VSM），具體呈現「自組織團隊」帶來的實質效益，例如縮短交貨時間等。

中階管理者

實際上，在轉型成「僕人式領導」管理模式的過程中，最可能抵制的就是中階主管。從KPI角度來看，高層因為肩負改革與導入新技術的使命，態度自然更積極向上。但從現場管理的角度來看，每個專案和服務都不盡相同，要用自己不習慣的方法展開新的工作需要相當大的勇氣，不過，倘若高層明確表示要在自己的團隊推動「僕人式領導」，那麼中階主管將更容易跟進。

中階主管反對的理由大多是因為不安，擔心自己用不熟悉的方式帶領團隊會出問題。如果公司提供他們全面的培訓，而非只是口頭上說「敏捷式開發就是這樣」、「就按照Scrum去做」，**理解中階主管不安的因素，幫助他們活用過去的管理經驗，就能培育出全新的「僕人式領導型」管理者。**

如果能順利轉型，未來中階主管就不用再一一盯著專案執行的細節，而是著眼大局，將精力集中在實現願景、戰略和改革等目標。KPI也因應「僕人式領導」和「自組織團隊」模式調整為佳。專案進度報告不妨精簡，只需「進度追蹤圖表、執行摘要、問題」三項，就足以掌握預期完成的目標、整體情況，以及遇到的問題等必要資訊。

團隊成員

即使建立了「自組織團隊」，其中仍可能有許多成員習慣按照上級指示做事，他們不知道如何獨立思考並採取行動，所以初期團隊裡往往瀰漫著「不知道該怎麼辦才好」的氛圍。這種時候就需要有人扮演「推進者」的角色，提出問題，促使團隊成員行動。

這個人**可以給團隊成員「建議」，但僅限於「他們主動要求的時候」。**因此，大前提是打造出「易於提問的環境」，才能有效讓成員主動開口。

以我來說，我會反覆強調「Ask For Help」（尋求協助）的重要性，讓成員們意識到「可以隨意提問」，他們提出的問題就會愈來愈多。

例如在討論架構時，若發現有人顧忌前輩不敢開口，你可以主動問：「○○○，在討論架構的時候，有什麼疑慮嗎？即使是很小的事情也沒關係，擔心任何問題都可以提出來與大家討論。」用這樣的語氣溝通，對方就會願意一點一點說出來，進而創造出一個可以互相提問、發表意見的環境。

若有成員習慣等待指示，你可以說：「那麼，○○○，你想要執行哪一個任務呢？」不直接下指示，而是讓他們選擇。一定要讓本人自己做決定。

在打破習慣之前，許多成員明明有自主決定的權限，卻以「這是公司規定，沒有辦法改變」來畫地自限。在這種情況下，你可以請上級過來，清楚地傳達：「可以改變以往的做法喔！」如此一來，團隊成員便會慢慢意識到：「公司的規定是可以改變的。只要自己思考、做好自己的工作就可以了。」透過「流程可以改變」的價值流程圖來說服團隊成員也很有效（參照第79頁）。

每天訓練，一點一點累積，一週後團隊就會融入「自組織團隊」的模式。另外，我建議還是要聘請敏捷式軟體開發的教練比較好。想要學習這種「軟體開發的新文化」並在公司內部實踐，光靠閱讀書籍是很困難的。聘請專業教練為團隊上課，選擇擅長敏捷式軟體開發的夥伴共同進行開發，能讓團隊成員更快速吸取經驗。

團隊絕不區分上中下級

日本企業中的「自組織團隊」依然保有上下級關係，導致團隊成員時不時需要等待內部指示。該如何避免這種情況？關鍵在於：**團隊中不管個人技術高低和經驗多寡，所有成員都一律平等，負起相同的責任，是一起工作的「夥伴」**。

如同圖15「受雇者vs.利益相關者」（見第156頁）所示。前後輩當然會有技術上的差距，但這不代表不能提問，後輩需要「主動提問」，而不是接受前輩指令；而前輩也要控制自己想要「教導」後輩的衝動。思考是每個人的工作，對方還未詢問就急著一一教導，等於把對方當成小孩。即使是新人，前輩也要將之當作「大人」來對待。

我在微軟的經理達米安年紀比我小，但我完全不介意。團隊成員之間也不會去關注誰比較年長或年輕，甚至根本不知道彼此的歲數。我從未感覺自己因為年齡、技能、經驗而受到差別待遇。

達米安的上司沃爾克也一樣，我跟他相處完全沒有面對大人物高不可攀的感覺，而是可以平等、坦率地交談。在微軟，無論是新人還是前輩，就連執行長也一樣是共事的夥伴，只是職責不同，沒有上級控制和管理下級的關係。

即使是執行長，委託他人工作時，也會切換成「客氣模式」。例行的「月度報告」中，我從未看過有人用命令的口吻，擺出高高在上的樣子，更沒有執行長說的話不可違抗這種事。在討論過程中，任何人都可以毫無顧慮地發表意見，和日本企業「與上司意見不同就是不給上司面子」的文化完全不同。

在微軟，所有工作都是採取「拉動式」（Pull）策略，意思是，遇到困難的時候，團隊成員可以主動、放心地尋求協助，其他人也會馬上給予幫助。

順帶一提，**在微軟，即使是管理階層以上的高層人員，如果工作上遇到無法判斷的情況，也會坦率尋求他人建議。**而團隊中，只要是熟悉相關領域或有深刻見解的成員，皆可以向上級提出建議，也不會覺得這樣的上級「靠不住」，反而會認為他們是「尊重第一線人員的優秀管理者」，更不會說上級的壞話。上下級之間沒有隔閡，團隊成員的交流良好，才能有效提升公司的集體智慧。

容許失敗的職場，才能孕育員工的挑戰精神

微軟對於員工的失敗非常寬容。

在軟體開發業界，有一種價值觀叫做「Demo or Die」，亦即創意固然重要，但沒有經過實際演示的考驗就是一場空。還記得我在轉到新團隊的第一次演示就遭遇重大失敗。

實際演示是讓其他成員了解自己所做的工作，並從眾多參與者身上得到反饋的機會。

我心想：「我剛進入這個新職場，加上以前擔任技術傳教士，有過幾千次演示的經驗，可以趁此機會大顯身手！」

我抱持著這樣的想法開始進行遠端演示，沒想到軟體就連開頭最簡單的「Hello World」都無法啟動，我過去曾多次在「Microsoft Teams」上結合螢幕共享，向用戶端演示應用程式，效果明明很好，但這次電腦卻一直延遲，連翻頁都十分緩慢。

我急忙用PowerPoint和事前拍的影片口頭應付，但準備好的內容僅僅演示不到三分

之一，滿分一百分我只給自己五分，然而當時上司的話讓我難以忘懷：

「你不需要太在意，畢竟軟體開發是充滿未知的領域，失敗在所難免。」

還有一次，在微軟最盛大的活動「Microsoft Build 開發者大會」即將舉行的前幾天，有人聯絡我，說我製作的圖像資料損壞，我緊急處理，這是相當嚴重的失誤，我當下只想下跪道歉。但向經理報告之後，他反而還安慰我，說：「這是家常便飯啦！上次還差點……」

總而言之，微軟對於員工的失敗真的很寬容，甚至當我為自己犯的錯誤道歉時，他們卻好像不習慣這種反省的氛圍，紛紛對我說：「這不是什麼大問題！」、「反而幫了大忙喔！」

對他們來說，失敗之後與其道歉，他們更希望保持樂觀的態度。

事實上，到美國工作之後，我愈來愈常失敗。就拿上述的失誤來說，明明公司要舉辦大型活動，我卻為了研究如何將各式各樣的事情自動化，拚命地調查參數才會顧此失彼。

不過，也正因為我挑戰自己，走出舒適圈，才會「失敗」。現在回想起來，在日本工作的時候，我從來沒有走出舒適圈，所以只有「成功」。

雖然挑戰未知讓人恐懼，但在不斷挑戰的過程中，實力也會慢慢提升，因此，對團隊而言，能夠寬容成員失敗的精神至關重要。

即使失敗了，卻因為得到他人鼓勵：「謝謝你提供寶貴的回饋」，我才能果敢地去挑戰，並樂在其中。

鼓勵「Be Lazy」，尊重休假

在微軟，無論是經理達米安，或是團隊的夥伴，甚至是職位比經理更高的成員，都有一個共識，就是「Be Lazy」，意思是用更少的工時創造更高的價值。第二章我曾介紹過，在這樣的思維模式下，團隊成員不會一味埋頭苦幹，而是會**「減少工作量，將精力用在價值高的事情上。」**

每次我加班或是假日工作，同事都會板著臉並發自內心地對我說：「去休假吧！」微軟不像日本企業，沒有讚揚加班到深夜或是熬夜通宵的文化。

大家都樂於輕鬆高效地做出好成果。「做得不錯！今天一起去酒吧吧！」沒有人會說「一定要待到下班時間才能回去」。即使下午四點多就離開公司，也沒有人會說閒話；如果早退去接孩子，也不會有人在意。

外國職場尊重休假的精神也值得學習。在日本，如果工作沒有完成，即使去休假，也經常會有「不得不工作」的壓力。如果想要休長假，就必須提前完成手上的專案。

在國際團隊中，休假無條件受到尊重。即使工作才進行到一半，也不會有人責備。若是在休假期間收到催促工作的郵件，只要回覆說：「抱歉，回覆晚了，最近正好在休假，會盡快開始做。」對方也會體諒：「原來你在休假！謝謝你，祝你假期愉快。」

無論對內對外，員工休假期間，只要不是發生特別緊急的情況，公司一般都不會要求員工處理工作。

反之，若是我遇到其他人正在休假，也會說：「啊！既然你在休假，就不打擾了。」畢竟換作自己正在享受難得的假期，卻收到各式各樣的郵件，忙得團團轉，也會不知道休假的意義。如今國際職場上普遍認為休假很寶貴，值得受到尊重。

目標是「在世界各地都能養活自己」

看到同業在國際上的活躍表現，我發現除了日本以外，其他國家的「開發者」和「運維者」，也就是第一線人員皆擁有權力選定工作的技術和方法。但在日本企業仍是經理說了算，第一線人員沒有決定權。

然而，導入新技術需要的不是外行的管理人員批准，而是需要公司信任位在第一線的技術人員，將工作全權交給他們，讓團隊獨立思考並做出決定。只要團隊能自己判斷，就會更勇於接受新的挑戰。

一個人的能力有限，在這瞬息萬變的時代，集中所有成員的能力來解決問題，更容易實現效率最大化。

若團隊中有很多習慣「等待指示」的成員，領導者應該要放棄「管理無能之人」的想法，人是會成長的，將他們當成大人對待，讓他們成長為「有能之人」，這樣效率才會更高。特別是軟體開發公司，**如果將重點放在管理「無能之人」，那麼有能之人就不會增加**，優秀的資深人員也無法充分發揮潛力，公司整體的生產力就無法提升。

境。

如果想讓有能之人發揮實力，關鍵在於創造一個能讓團隊成員「享受工作」的環境。

按照指示做事一點都不有趣，現代人都想要做符合自己的專業和選擇的工作，至少我和周圍的同事皆是抱持這樣的想法。現在日本企業的體制大多與「僕人式領導」的思維模式相去甚遠，嘴上說「日本做不到」很簡單，但這只會讓日本軟體開發的能力與國外差距愈來愈大。

公司的規則終究是前人訂下的，那些規則在過去或許有效，但時至今日是否還有用處呢？規則應該隨著時代改變，沒有理由受到過去的束縛。與其執著於以往的工作方式，不如大刀闊斧地改革，讓日本的軟體開發業界變得更高效。

我的下一個職涯目標就是「能在世界各地養活自己」，所以我總是用國際職場的標準來磨練自己，力求為世界做出更多的貢獻。

專欄

美國的職涯發展文化

雖然美國企業的員工淘汰率較高，再就業的機會卻也比日本職場多。如今我已經五十多歲，但美國企業用人完全不過問年齡，讓我十分輕鬆自在。

在美國，員工的職涯發展完全「取決於自己」。公司設有「職位級別」的制度，每個員工的工作內容皆依照級別安排，如果你想晉升到更高的級別，就去做比自己級別更高的工作並展現出能力，相較於日本職場的升遷更為簡單明瞭。

但是，並非每個員工的目標都是往上爬，也有些技術人員的能力本來可以升得更高，卻因為不希望工作太忙，就一直停留在相同級別。不僅職業生涯的規畫取決於自己，技術人員也有較高等級的職位，對我來說十分難得。

在日本的軟體開發公司中，程式設計師很難獲得較高的薪資。如果不晉升到管理職位，薪資就無法提高，因此大多數人都以經理為目標。

但我本身還是覺得擔任程式設計師更快樂。在美國，程式設計師的級別也設定得很高，因此級別和工資都能不斷提升。

甚至有人先成為經理，之後再回頭擔任IC。基本上，在美國職場中，經理只是不同的工作類型，不等於「高人一等」。

另外，在我所居住的西雅圖，為了提高薪資而跳槽的人也很多。如果你在亞馬遜、谷歌、微軟等公司工作，跳槽就是拉高薪資的最好機會，不少人會趁機與新公司交涉，談到更高的薪資。

現在我是資深工程師，如果想上升一個級別成為首席工程師，還需要費一番功夫，所以我打算在竭盡全力升級的同時，維持住現在的等級。

第6章

提升工作和生活品質的習慣養成術

——從「時間箱」到鍛鍊身體

選擇適合自己的工作時間

本章主要討論日常生活習慣，包含在生活上，該如何調整身心狀態，避免影響到工作表現。事實上，世界頂尖的工程師都會注意身體狀況，並保持工作與生活的平衡。

我們的工作心態與「身體」息息相關，特別是步入中年以後，隨著體力衰退，身體愈來愈常感到不適。我希望能跟大家分享一些關於保護心理健康的方法，以及學會如何與自己的身體相處。

首先，我想介紹一下我的同事們如何平衡工作與生活。隨著新冠肺炎大流行，遠端工作模式在美國日漸普遍。微軟長期以來都有遠端工作的制度，員工就算只是想在家收包裹，也可以選擇在家遠端工作。

當時我的經理查德因為要照顧孩子，需要定期遠端工作，後來隨著新冠肺炎流行，他轉為完全在家辦公。另有幾位同事也搬了家，其中一位住在紐約，還有許多人回到自己的家鄉，公司對此基本上不干涉。

即使進入後疫情時代，我的團隊每天來辦公室的也只有三個人，我、保羅、阿列克謝。其他同事，尤其是有家庭的人，可能因為遠端工作太便利而回不去以前的生活了吧。而我現在單身，又沒有交往對象，所以喜歡每天去辦公室上班。

西雅圖的大型科技公司大多會要求員工每週至少到公司上班三次，唯獨微軟完全沒有這樣的要求。有趣的是，在沒有公司強制的情況下，員工卻紛紛自動自發地回到辦公室。

我認為，以新冠肺炎為契機開啟的遠端工作模式，有益於美國人取得工作與生活的平衡，因為每個人都可以自由地選擇適合自己的工作方式。

一般而言，選擇朝九晚五的人比較多，但有小孩的人就不一樣，例如我的上司，因為接送孩子很重要，所以他早上七點就先回覆郵件以及PR（Pull Request），之後就下線了（我想應該是要準備孩子的早餐和接送），然後九點再開始工作到下午四點。如果他進辦公室的話，就會四點回家，如果還有工作需要處理，就會在六點左右上線。我的同事席德經常邀請我一起吃飯，他平日總是在六點下班，星期六反而會工作。因為身為首席工程師的他經常要開會，所以星期六才能優閒地做自己的工作。

我每個同事的工作方式都不一樣，但都會努力提高自己的生產力，好在自己、家人與生活之間保持平衡。**在日本職場中，如果步調與大家不一致就無法獲得認可，但在美**

國，每個人的工作方式都受到尊重。

在國際職場中，不僅是「不加班」，甚至還可以自由選擇「喜歡的時間」工作，畢竟每個人的性格和文化背景都不一樣，所以只要能取得成果，任何做法都可以。接下來我將以此為前提，分享一些實用的技巧，希望能對大家有所啟發。

準時下班效率更高

想必大家都聽說過，長時間勞動反而效率低下的說法吧。多年來，我也深有同感，所以一直嘗試多多休息，但又因為「工作產出減少而覺得不滿，於是又增加工作時間」，如此週而復始。

我加入微軟的開發團隊後，因為是自己夢想的工作，所以非常開心，但是幾乎沒有私人生活，連續幾天加班到深夜，永無止境的工作快要把我壓垮。儘管沒有人強迫我工作，也沒有交貨期限，但我總是處於不工作就無法安心的狀態。

一天中大半時間都被工作填滿，除了工作之外，什麼事都做不了。我沒時間與朋友交流，家裡亂七八糟，甚至在移居美國後的各種行政手續都未處理妥當，連必要的文件都沒空閱讀。雖然三十多歲才被診斷出罹患ＡＤＨＤ，但我從小就非常不擅長整理這些東西，所以只好放任不管。

「無法掌控自己人生的感覺」常常在我心中縈繞，因為罹患ＡＤＨＤ，所以我也一直認為只能放棄「控制人生」。赴美兩年之後，我感覺自己的精神和體力都到達極限。不僅要適應非母語的環境，周圍同事的程式設計能力都很強，專業技術也很扎實，雖然沒有來自公司和上司的壓力，但我深感自己實力不足，便把職場當成修練場，為了做出成績，拚命地工作。

不斷碰壁的情況下，我開始想，自己到底在做什麼？自己真的幸福嗎？「還是放棄挑戰回去日本好了，明明知道程式設計師不適合我……」

就在這個時候，我的導師克里斯來找我談話，輔導我。克里斯不僅是我的朋友，也是我憧憬的「超一流」人才，所以我請他擔任我的導師。

我日復一日除了工作就是睡覺，因為深知自己實力不足，所以想方設法提高自己的生產力。但克里斯卻說：「為了提高生產力，學習是必不可少的。我通常會在下班後去學習或嘗試自己想做的事情。**一直工作會很累，即使一樣是學習程式設計，只要是與工**

作無關的項目，就能讓你放鬆下來。」啊！原來如此，提高生產力的祕訣是「學習」啊！如果只顧著埋頭工作，即使短期內的產出增加了，但實際上生產力並沒有提高。

要想真正提高生產力，就必須改變長時間勞動的習慣。我恍然大悟，原來道理這麼簡單。

仔細觀察我所處的團隊，有不少專業技術出色的人和我一樣努力工作到很晚（如印度籍的同事），但我憧憬的業界人士大多是準時下班回家的人，至少美國人都盡量不加班。

團隊中最忙、專業技術最優秀的法比歐也說：「我常常跟團隊成員說，一直加班工作不是長久之計。」

而我朋友大衛也肯定地說：「上帝對我們的計畫不是只有工作。」

確實，從生物的角度來看，人一直工作非常不自然，所以我雖然有點不安，但還是下定決心要開始準時下班。

利用「時間箱」限制工作及學習時間

我進入微軟之前，一直是重視「結果」的人，總是希望把工作做到最好，而且我必須「將工作全部結束」才能休息，而不是做到告一個段落就好，所以每每到臨睡前都還在工作。而改變這個習慣的方法很簡單，就是「時間箱」（Timeboxing）。

例如，到了下午五點，即使工作還沒完成，或是進展得多麼不順利，也要馬上停止工作。而且為了避免一不小心錯過時間，我還將鬧鐘設定在五點整。

為了養成習慣，我暫時強迫自己按照「時間箱」生活，結果如何呢？

首先，我在五點強迫自己結束工作，然後就去跑步。自從我想通之後，晚上終於有時間看書、彈吉他或是玩遊戲。以前我工作沒做完就休息會有很強烈的罪惡感，後來我決定相信那些最優秀人才的意見。

開始執行「時間箱」之後，我也決心當個「晨型人」，每天晚上一定要在十點睡覺。結果不到一個星期，甚至可以說從第二天開始，我就覺得頭腦更清醒，生產力提高了。

老實說，雖然一開始對「時間箱」半信半疑，但我當時已經深切體會到自己的頭腦有多麼遲鈍。基本上，動物如果不運動的話，身體自然就會出現問題。即使熬夜工作到深夜，腦子也無法好好運作。我聽過一種說法，人類最能發揮生產力的工作時數是每週四十個小時，因此妥善畫分工作時間更有意義。

以此為契機，我決定把早上起床到上班前的幾個小時作為「學習」時間。不是用於工作，而是用於學習新技術或自己還不熟悉的技術。具體來說，我選修了自己一知半解的技術課程，在LeetCode程式編碼網站挑戰問題，閱讀如何提高程式碼品質的書籍。透過書籍和教育課程全面提升自己的能力，理解原本不太懂的事物不僅有趣，也能帶來安心感。

幾個月後，我發現效果非常顯著。我對代碼庫的理解加深了，更能勝任手上的工作，專業技術能力也不斷提升。雖然每天都很忙，但一到下午五點就結束工作，所以壓力也不會太大。

我從五月開始執行「時間箱」，是微軟一年之中最繁忙的時節，雖然實際工作時間減少了，但我的生產力不減反增。

我也進一步試著分析自己把時間用在哪些事情上。我有一個習慣，就是用OneNote工具記錄自己做每一件工作開始和結束的時間。

結果我「體感」自己花費的時間，和實際上花費的時間差異頗大，讓我十分驚訝。

我依據這些資料，重新分配工作時間，效率更進一步提高了。

5:00 起床
測量體重、體脂肪、肌肉量

6:00 吃飯（並計算卡路里）
喝植物性高蛋白和補充營養品
高強度間歇訓練（10分鐘）
準備便當（低脂肪，計算好卡路里的菜單)
準備高蛋白營養品

7:00 前往公司（以車代步)

7:30 到達辦公室
自主學習

8:30 開始工作

12:00 午餐（自帶便當）

12:45 工作業務

15:00 休息、喝高蛋白

15:15 工作業務

17:00 下班

17:30 健身（一週3次）

19:00 吃飯
自由時間
· 彈吉他
· 自學
· 學習自己有興趣的程式設計
· 看漫畫等等

21:00 準備就寢
· 喝高蛋白
· 不太看螢幕
· 聽音樂
· 閱讀物理學方面的書......

22:00 就寢

圖 18　牛尾剛的時間箱

有一點需要特別注意，就是不要把焦點放在「完成」上。計畫終究只是計畫，即便工作沒有完成，也要在分配好的時間點放棄。使用「時間箱」的訣竅就是不以完成為目標，而是在固定時間內集中注意力。

「停止過度使用大腦」的三個方法

為什麼「時間箱」能提高工作效率？我認為是因為「停止過度使用大腦」。妨礙工作效率的最大原因，除了身體之外，就是「大腦的疲勞」。

現代人幾乎做任何事情都離不開電腦，程式設計也是如此。以我來說，與其他人溝通是使用Teams；彈奏喜歡的吉他是使用DTM（Desk Top Music，泛指音樂製作軟體）；看漫畫是使用iPad，所以經常看著「螢幕」。很多人幾乎一整天都盯著螢幕看，尤其在新冠肺炎流行之後更是變本加厲。隨著智慧型手機和網際網路普及，現代人接收到的資訊量與過去相比急劇增加，大腦會疲勞也是理所當然的，注意力和思考能力自然也會下降，記憶力變差。

既然無法避免使用電腦，我便刻意在生活中養成以下幾個習慣：

❶冥想（Mindfulness）。

❷刻意安排遠離電腦螢幕的時間。

❸確保充足的睡眠。

1. 關於冥想

我經常在創業或是經營管理書籍中讀到冥想的概念，終於知道為什麼人需要冥想。透過冥想，可以讓大腦得到深度休息。眾所周知，已故的蘋果執行長賈伯斯深受禪學影響，因而喜愛冥想。以冥想為基礎的「正念練習」更是受到谷歌、英特爾、耐吉等大企業廣泛採用。介紹冥想法的書籍和網站很多，大家可以根據自己的喜好選擇。以下是我使用的方法：

- **每天空出五到十分鐘，建議設定好鬧鐘。**
- **盡量不要思考，專注於從鼻子吸氣時感受到的那股清涼的感覺，再慢慢地用嘴巴吐**

氣。

- 若是腦中依然浮現雜念，就誠實面對自己心中還在思考這些事，並重新集中精神，用鼻子呼吸。

即使每天只冥想五分鐘，也能讓頭腦清晰，我很推薦。

2. 刻意安排遠離電腦螢幕的時間

一開始，我會有罪惡感。除了工作之外，作為一名工程師，我也想盡可能地多充實自己，所以長久以來，電腦螢幕就像是我身體的一部分。即使是看漫畫或Netflix當作消遣，也是使用iPad。

好不容易晚上有一些私人時間，卻還是盯著電腦螢幕，大腦完全無法好好休息。螢幕的藍光是可見光中波長最短、能量最強的，長時間接觸會造成眼睛疲勞、頭痛、生理時鐘紊亂等問題。在刻意安排「不看螢幕」的時間後，我發現睡前至少兩個小時遠離電子設備便可以睡得更深沉。

說個題外話，我現在使用的是抗藍光眼鏡，可以抵抗百分之九十的藍光。外表看起來，就像是帶了一副太陽眼鏡。最近有論文表示抗藍光眼鏡沒有用，但我個人覺得效果非常好。與其說是抗藍光眼鏡，不如說是戴「太陽眼鏡」保護眼睛。

3. 確保充足的睡眠

我是個夜貓子，長期以來睡眠少於五個小時，而工程師這個職業更是深受慢性睡眠不足所困擾。

睡眠對大腦至關重要，在睡覺期間，人體會透過血液循環向大腦的神經細胞輸送氧氣和營養，並回收廢物。波士頓大學的研究表明，可能導致阿茲海默症的β型澱粉樣蛋白等毒素，也會在睡眠中排出。睡眠也與衰老有密切的關係，美國以一百萬人為樣本進行大規模的調查顯示，每天睡飽七個小時的人死亡率最低，也最長壽。

最重要的是，睡眠不足會造成大腦的集中力、處理能力、記憶力減退，讓大腦充分休息是提高工作效率的必要條件。

大腦是有限的資源，必須謹慎選擇「用在哪裡」，愈是優秀的同事，愈會確保充足的睡眠，也更重視自己的興趣和私人時間。

切換執行不同的事，更能提高效率

做一些與工作完全不相干的事情也能幫助大腦休息。以我來說，我會選擇一些「動手不動腦」的活動，例如彈吉他是我的興趣，就是很好的放鬆方式。

雖然平日晚上彈吉他會讓我有罪惡感，但我每天還是會花一個小時左右，光明正大地彈吉他。實際嘗試過後，我發現隔天一大早就覺得精力充沛。每天晚上從事一些活動讓大腦休息，白天工作就能集中注意力，心情也更加愉快。最重要的是，做自己喜歡的事讓人充滿生命力。

事實上，這兩年在美國工作，我都沒辦法好好休息。不僅事情沒做好，也常常無法遵守自己設定的完成日期。所以即使知道不休息會影響工作效率，也無法放棄長時間工作。

直到我遇見《留白時間：停止無效努力》（*Time off*，繁體中文版由沐光出版）這本書才改變想法。以下簡單總結書中要點：

- **人游泳時無法一直不換氣。**
- **暫時放下遇到瓶頸的工作，反而會產生突破性的想法。**
- **每天能集中精神在一件事上的時間是四個小時，一旦超過就會感覺疲勞，與其單純地休息，不如去做些不同的事情。**
- **休息（Take a rest）並不是什麼都不做，關鍵在於去做與平時不同的事情。**

這是一本關於如何好好休息，進而「提高生產力」的書，而我是一個對休假抱有罪惡感的人，因此能從邏輯上理解休息的好處，對我來說幫助很大，其中第三項我更是深有同感。

把平時不做的事情當作休閒活動，也是避免工作倦怠的訣竅。我記得以前一起玩樂團的前輩說過：「我很容易厭倦，一旦厭倦了就去找別的事做。」我想這就是為什麼才華洋溢的人興趣通常很廣泛，而且每天可以做很多事。這個做法不僅能恢復精神，還能拓展視野。對於我這種不擅長切換工作與生活的人來說，這本書助益良多。

透過打掃獲得「掌控人生」的力量

我想再介紹一本為我的人生帶來重大改變的書籍。

我因為罹患ＡＤＨＤ，腦中總是有各式各樣天馬行空的想法。雖然在工作時可以集中注意力，但對於不感興趣的事情就很容易渙散，例如文書工作我總是拖拖拉拉，趕不上截止日期；家裡總是亂成一團，即使是自己喜歡的事，也因為很難專注而做得不太好。

我一直想要擺脫這種「無法掌控自己人生」的感覺。

哈佛大學尚恩．艾科爾（Shawn Achor）所著的《哈佛最受歡迎的快樂工作學》（*The Happiness Advantage*，繁體中文版由野人出版）提到：「因為感到幸福才會成功，成功並不意味著幸福。」這個論點給了我很大的啟發。

許多人認為人生是「（忍受痛苦）努力獲得成功，之後才感到幸福」，但事實上，

「人在感到幸福時，心態和心情都變得積極正向，頭腦運轉得更好，也會產生幹勁，事情才得以進展順利」。研究者得出一項重要的結論：「幸福是人們成功的領先指標，也是能否達成重大成果的關鍵。」

書中還提到創造積極正向的環境很重要，這讓我靈光一閃，心想：「不如打掃一下家裡吧！」我最不擅長做家務，新冠肺炎期間也沒人會來家裡作客，所以任由家裡變得亂七八糟，但我直覺認為，要想獲得幸福、掌控人生，打掃是最佳途徑。

為了避免目標訂得太遠大，大腦無法負荷，我嘗試「只整理辦公桌周圍」，花時間努力收拾得乾乾淨淨，結果不可思議的事情發生了。咦？我覺得自己好像也一併整理了頭腦，雜亂的思緒逐漸冷靜下來。

「好！今天不做其他事情，只整理家務就好！」我沒有設定目標，只是繼續整理，愈整理頭腦愈清晰，突然，我又靈光一閃，難道至今房間一直亂七八糟，是因為我有太多「未完成」的事情嗎？

我家總是很亂，仔細想想才發現有很多事情「未完成」。郵件堆積如山，洗乾淨的衣服沒收，換下來的髒衣服和內衣褲扔在一邊，廚房裡堆滿用過的碗筷和用剩的食材……全部都是「未完成」的任務。

又或者是像「跑步」這件事。我為了維持工作表現而決定去跑步，但跑回來之後，髒衣服和襪子隨便亂扔，喝了杯運動飲料，犒勞自己「跑得真不錯」就滿足了；我只達成「跑步」這個主要行動。

然而，實際上，「跑步→回家換衣服→把髒衣服放進洗衣籃→補充水分→淋浴」，做好整個流程才算完成。

我發現自己有許多「未完成」的生活習慣，衣服不是洗完就結束了，還要「把衣服摺好、收納好」才算完成；吃完飯後「洗碗、清理廚房」才算完成；收到包裹要「開封、確認內容物、處理掉不需要的東西」才算完成。

因為每一項都沒有完成，所以我的房間愈來愈亂，**每次都想著「等等再做吧」，導致我的注意力總是很分散**，東西太多、該做的事情也看不見。我領悟到，人生無論做什麼事，如果不能一一完成，就會變得更加麻煩。

於是，我下定決心，任何生活大小事都一定要好好完成。例如喝完咖啡，就要把杯子洗乾淨。漸漸地，我便養成了習慣，不這樣做，心裡就會不舒服。

結果，令我驚訝的是，房間變乾淨了。二十年前我被診斷出罹患ＡＤＨＤ，第一次服用處方藥物時，我因為暫時體驗到「普通人的感覺」而驚訝不已，而如今我不用吃

圖 19　透過打掃、整理和「完成事情」，讓大腦清醒

藥，房間也能維持得乾乾淨淨，出門前不用費力尋找鑰匙，我感覺豁然開朗，彷彿人生重新啟動一般。隨著家裡整理得越來越乾淨，我的大腦也愈來愈清晰，我突然想到：「難道我不是因為罹患ADHD而不善整理，而是因為沒有整理好才出現ADHD的症狀？」

雖然醫學上無法證實，但像我這種症狀相對輕微的ADHD患者，有可能因為生活習慣而惡化或是改善。過去我電腦裡的資料亂七八糟，筆記和部落格也沒有整理，大量的郵件已讀不回，許多感興趣的技術調查、在雲端配置執行檔案的驗證工作等都「未完成」，導致大腦更加混亂，更無法掌控自己的工作。

如今透過整理和打掃，生活空間有條不紊，工作上也養成「完成事情」的習慣，**「凡事都整理好，讓自己不需搜尋就能找到想要的東西」**，以此為基礎，我覺得更能掌控自己的工作了。

整理的技巧

體認到凡事「完成事情」的功效之後，我又進一步學習了「整理的技巧」。不是整理家裡，而是電腦。

《就是比你早3小時下班》（繁體中文版由三采出版）這本書幫了我大忙。書中指出「工作成效高的人都很擅長整理」，更重要的是，可以透過「整理身邊的東西」→「整理資訊」→「整理頭腦」的步驟來提高整理能力。作者真是完全戳中了我的痛點。

首先，從「整理桌面」開始。只要養成用OneNote記錄的習慣，工作效率就會大幅提升。而且，在完成每項技術任務之前，將所需的資料整理到可以快速取出的狀態，再標註為「完成」，效率就會有長足的進步。

整理電腦的重點在於：如何更方便地取出需要的資料？方法很多，例如按照主題整理資料夾和檔案，讓自己在利用電腦搜尋功能時，更容易找到所需內容。

將工作中常用的網站、儲存庫、票務管理系統的網址等整理好，一鍵就能立即前往該網站，可以節省不少時間。

至於經常使用的查詢命令（針對資料庫的指令），與其每次重新撰寫，不如將它們整理成儀表板的形式。這樣不僅可以一次執行多個查詢，節省時間，還能馬上交付給其他人。

把自己定期執行的工作預先自動化也是很好的整理方法，我尤其喜歡將其他人手動完成的事情自動化，所以也會整理這方面的「工作流程」。

另一個重點是：**養成記住自己放置資料位置的習慣。**即便做了分層整理，只要記住資料的所在位置，點擊幾次就能輕易前往。雖然也能使用搜索功能，但最好養成記住關鍵詞的習慣，一鍵就能找到。現在什麼資料都可以保存在雲端，所以很少人看重「記憶」這種能力，但記憶卻是簡單而強大的武器，能提高生產力。

整理能幫助你理解各項任務的進度和優先順序，接續之前的工作時，也不用在「搜尋＋回憶」上浪費時間，馬上就能著手進行。

整理還有一個次要的功用，就是**「動手整理」雖然花費時間，但也能一併整理大腦中的資訊，而且更容易注意到「細節」**。

此外，我也會去研究一些平時不會做的指令參數的含義和概念，例如：「咦？這個參數我不理解，是什麼意思？」、「這個部分可以用Windows完成，但要如何用Linux做呢？」換句話說，我自然而然養成了「花時間去理解」的習慣。

我的程式設計老師Kazuki曾經傳授我成為優良程式設計師的兩個訣竅：

- **將學習到的新事物寫在部落格中。**
- **寫部落格時，不要按照範例程式寫，而是稍做修改。**

也就是說，透過寫作以及「整理」的過程，大腦也會進行整理，不僅記憶更深刻，之後也更容易將知識付諸實踐。此外，回憶的過程也有助於鞏固記憶。

我常因為自己的工作速度不如技術高手而感到自卑，覺得自己的「理解太淺」，但自從開始學習「整理」和「完成事情」後，我第一次體會到自己也有「掌控工作的能力」。

了解到「完成事情」的重要性和「整理」的影響力之後，幾個月下來，我的ADHD症狀明顯改善，甚至可以說是微乎其微，也不太吃藥了。只要整理好辦公桌和電腦，我的注意力就不會分散。在電腦上查詢完之後也會關閉標籤頁，因為下次不用重新查詢就能馬上取出資訊，腦中的資料也整理得很清楚。

我彷彿脫胎換骨，不僅生產力提高了，還做了大量運動，晚上也有閒暇時間看動畫。能夠認真完成工作以外的各種事情，才是我心目中的「掌控人生」。

我從來沒想過，自己一直追尋的理想可以在美國實現。深入探究提高生產力的方法之後，我發現工作和生活的共通之處在於學會整理，減輕大腦的負擔。

體能不足是大問題

接下來，我想具體談一下前面經常提及的「運動」。

人生已過半百，進入中年，體力和精力迅速下滑。我來到美國後，大部分時間都是開車移動，再加上新冠肺炎大流行導致遠端工作增加，運動量大幅減少，就連睪固酮都減少了，有一段時間明顯缺少活力和幹勁。最主要的徵兆便是週末早晨總是懶洋洋的，雖然很想一鼓作氣起床，做各式各樣的事情，結果卻一整天精神委靡，完全沒有「力氣」。

面對年齡增長帶來的身體不適，只能從運動下手。

我觀察身邊的同事，意外發現許多人的身材都很好。雖然也有典型的美國肌肉男，但大多數是靠運動來鍛鍊和維持身材。而免費使用健身房是公司的福利之一，所以我也嘗試去健身。

男性的更年期症狀一度讓我十分困擾，而解決的方法只有兩個，**一是運動，二是增加睪固酮**。首先，為了增強睪固酮，我開始進行**肌力訓練**。

每週進行三次肌力訓練，首先做十分鐘的有氧踏步來暖身，接著再**分三個部位鍛鍊**：胸部和三頭肌；背部和二頭肌；腿部和肩部。之所以分部位鍛鍊，是因為肌力訓練會破壞肌肉纖維，一旦肌肉開始疼痛，做再多訓練也無用；而肌肉會在恢復期間成長，所以要輪流讓各個部位休息。

除此之外，**每天還要做十分鐘高強度間歇訓練（HIIT）**，也就是集中進行每組三十到四十五秒的肌力訓練，中間休息十到十五秒，重複做十分鐘，就能達到跑步三十分鐘的效果。不用花太多時間，訓練效果又很持久，所以效率很高。

YouTube上有各式各樣解說運動方法的影片，大家不妨按照自己喜歡的運動菜單來鍛鍊。

過了四十歲以後，如果什麼都不做，肌肉量就會逐年減少，因此鍛鍊肌肉是維持基礎體能的必要條件，還能提高基礎代謝，使人不容易生病。

但是，對我來說，光是鍛鍊肌肉無法恢復活力；想要恢復活力，就必須做有氧運動。

有氧運動無助於增加肌肉量，所以有些健身教練不會將之納入運動菜單。但我認為每天一定要做有氧運動，即使我不太擅長跑步，卻仍然採取以下方法：

- **每天做三十分鐘有氧運動。**
- **低負荷的運動較佳（走路也可以）。**
- **跑步時若覺得不舒服就改用走的。**
- **將每天運動三十分鐘當作優先事項。**

我每天一定會進行三十分鐘的晨跑以及散步，為了避免身體因為負擔太大而抗議，我只要跑累了，就改成走路，維持在「舒服的感覺」。我之所以選擇早上運動，是因為這段時間最不容易受到干擾。

原本我週末爬不起來，只能懶洋洋地看漫畫，不管怎樣做都覺得身心沉重，然而堅持運動超過一週以後，一直以來困擾我的「無力感」漸漸消失，三個月後更是脫胎換骨。

每天早上只進行三十分鐘的有氧運動，身心狀態就能大幅改善，可見問題不在於幹勁不夠，而是體力不足。

我建議大家每天花三十分鐘投資在自己的身體上。人只要有精神，什麼事都做得到。現在想想，高強度間歇訓練既是肌力訓練也是有氧運動，真是不錯，尤其是遠端工作會讓體力迅速下滑，所以即使單純為了增加「運動量」也很值得。

另外，每天跑步頭腦可能會很清醒，但雙腳的疲勞也會逐漸累積。雖然每個人跑步習慣不同，身體狀態也有差異，然而就跟鍛鍊肌肉一樣，每天鍛鍊同一個部位，不僅會累積疲勞，還會影響發揮，所以需要休息。跑步鞋也要穿好一點的，才能減少雙腳的負擔，基本上只要根據自己的情況調整每週跑步的次數，並以適合自己的速度進行即可。

改善更年期帶來的失眠問題

在飲食方面，最好多吃肉類、洋蔥、加熱的大蒜等有助於提升睪固酮的食物。此外，我也推薦富含動物性蛋白質的牛肉、豬肉、雞肉、乳製品、蛋類，以及富含鋅的牡蠣和肝臟，其中雞肝和豬肝含有大量維生素Ａ，與身體製造睪固酮密切相關。

加班工作的時候，堅果是最好的零食選擇。許多美國工程師都喜歡吃堅果，其中除了含有鋅和礦物質以外，還富含卵磷脂，卵磷脂是構成神經傳導物質乙醯膽鹼的重要成分，具有抗老化和提高注意力的功用。

營養品方面，我建議直接服用睪固酮補充劑。尤其是像我這樣步入中年的人，可以固定攝取，或許能迅速改善隨著年齡增長而產生的各種不適。其實最快的方法是注射睪固酮，不過美國的醫療費用高，所以我選擇用睪固酮貼片，效果立竿見影，對我而言，比睪固酮補充劑更有效。如果以睪固酮貼片搭配肌力訓練；擅長運動的人還可以搭配越野自行車或長跑等高負荷的運動，效果更持久。

補充睪固酮可以緩解抑鬱、煩躁、失眠等男性更年期症狀，也有助於提高專注力和記憶力。

身體健康是工作表現的基礎，大腦充分休息則直接關係到工作效率，所以一定要根據自己的身體狀況調整。因為我是男性，所以本章主要討論睪固酮，如果你是女性，且同樣缺少活力，平常不妨多做一些能增加肌肉的運動並注意飲食。

我的同事們，特別是女性，會請私人教練指導，管理健康或是雕塑身材。我自己做肌力訓練時，往往會忍不住偷懶，請私人教練指導的話，就會做到筋疲力盡、渾身痠痛，懷疑「我要死了嗎？」不過這也代表肌肉正在增加，感覺非常棒。

現在有各種類型的健身房，其中也有肌力訓練的教練，只要選擇適合自己的健身房及教練即可。

第7章

如何在AI人工智慧時代生存？

——擺脫「批判文化」，培養迅速應變的能力

AI人工智慧將導致程式設計師失業

短短幾週內，世界發生了巨變，向來備受推崇的程式設計師一夜之間跌落神壇，未來該何去何從？

二〇二三年春天，ChatGPT-4問世引發全球軟體開發業界劇烈震盪。這是人工智慧研究公司OpenAI開發的大型語言模型，與上一個版本相比有飛躍性的進化，能夠像人類一樣理解長句、生成、總結和對話，還能處理圖像和照片，顛覆了整個業界的遊戲規則，受到極大關注。

迄今為止，我經歷過好幾次顛覆時代的科技崛起，例如個人電腦的發明、大學時期快速發展的網際網路，還有以iPhone為代表的智慧型手機問世，都帶給我相當大的衝擊。

但是，這些並沒有「威脅」到我，因為大眾不論是否使用上述科技，都不會讓我陷入困境。然而這次的技術革新，讓我相當擔憂，因為即使我能從事與AI相關的程式設計工作，工程師這個職業仍然可能在不遠的將來不復存在。業界或許多少需要開發和訓練

AI人工智慧模型的人，但畢竟需求的數量不多，工程師被AI取代也只是早晚的問題，因而讓我十分不安。

我曾經學習過AI，也有一段時間致力於訓練AI模型，但因為覺得無趣而放棄了。說實話，比起AI，我更喜歡程式設計。

無論如何想像，「程式設計師」的未來都沒有保障，或許五年後還是十年後就會被淘汰，推特（現名為X）上似乎也有許多人同樣感到茫然不安。

哪些職業不會被AI人工智慧取代

我諮詢了一位住在西雅圖的AI人工智慧專家，原以為這位友人會說：「不不不，AI人工智慧的發展還有很長一段路要走呢！」

結果正好相反，他認為AI人工智慧前景看好，但他也表示：「被ChatGPT擊敗，實在令人很不甘心。」他像守夜一般哭喪著臉說。

他認為暫時不會被AI人工智慧取代的工作，是與運動或人際交流相關的領域，以及

創作和藝術等工作。

例如餐廳，即使AI能做出美味的料理，恐怕大部分消費者還是會想去由人類親手烹煮，且有人類服務生服務的餐廳吃飯吧。

音樂也是如此，例如演奏吉他，人類演奏的瑕疵會成為個人的特色，AI即使能夠完美複製史蒂維・雷・沃恩（Stephen Ray Vaughan）和吉米・罕醉克斯（James Hendrix）的演奏，也只是由「過去的數據」所構成，比起AI人工智慧，觀眾會更喜歡由人類彈奏、展現出個性的不完美原創演奏。

那麼，工程相關領域呢？

因為這個領域講究精準，所以隨著AI人工智慧的發展，人類遲早會被超越。雖然不至於馬上失業，但相關工作將或快或慢地被AI取代，在這樣的潮流中，工程師未來該怎麼做才好呢？

不過，思考這些也無濟於事，現在我們或許只能利用AI輔助程式設計來提高生產力，以及享受當下了……

然而，某天，我在意想不到的地方獲得了解開這個困境的鑰匙。

我工作的地點位於西雅圖近郊的雷德蒙德（Redmond），身邊的美國同事都沒有表現出不安的樣子。我的朋友傑夫在我的推特貼文下留言：「不妨享受當下。」

「若工作變得無趣，就去尋找新的挑戰。」

我在朋友克里斯的推特上看到以下對話。

「如果我現在二十歲，我會不惜拋下一切，將人生奉獻給AI，但如今的我很害怕、也很抗拒失去自己在專業領域經營的成果，不知道該怎麼辦才好。」

「我有一個好點子，我們或許可以**運用多年在業界打拚的經驗，找出與AI人工智慧對接的方法，然後從那裡重新出發。**AI在很多領域都會產生重大影響，也能為許多人帶來機會。」

讀了這段對話之後，我豁然開朗。

原本，我們都擔心自己花費大量精力和時間累積的專業技能會變得毫無用處，覺得未來黯淡無光，但現在，我反而開始思考怎麼充分利用以往累積的經驗，並對社會有所貢獻。

過去程式設計師實現了許多工作的自動化，導致不少人的工作機會被剝奪，如今輪到自己的工作受到AI人工智慧的威脅，似乎也沒有什麼資格抱怨。但我相信只要自己努力累積專業知識，必定可以找到新的方式在這個日新月異的世界中立足。

克里斯在推特發文後不久，立即為Azure Functions建立了一個與OpenAI協作的擴充功能，這是他的專業領域。我再次受到鼓舞，正所謂「與其花時間煩惱，還不如用來編寫程式碼」。

況且，各行各業都有AI無法回答的技術和專業知識。以我的領域來說，我負責擴展雲端中的分散式系統，但目前不管是ChatGPT或是Copilot，都無法解答這類邏輯難題。當這些專業知識還具備價值時，我們就能利用AI工具提高生產力，享受自己熱愛的程式設計。

ChatGPT問世，我們應該如何與AI協作

隨著革命性的新技術在世界各地迅速普及，深受影響的現代人該如何自處？很少有人會從這樣的角度出發，思考大眾如何接受爆炸性的技術革新，並採取相應的行動。

微軟投下巨資與OpenAI公司建立合作關係，在其創業期間提供了大量的運算資源，例如ChatGPT的後端系統就是使用Azure技術運行的。OpenAI的執行長山姆·阿特

曼（Sam Altman）曾公開表示自己是微軟CEO薩蒂亞・納德拉（Satya Nadella）的粉絲，今後雙方也將攜手合作，共創事業高峰。

GPT-4的問世帶給我極大衝擊，甚至擔心未來可能會因此而天翻地覆。正如前文所述，我對工程師這個職業的前景感到不安和驚慌。

然而冷靜回顧之後，我發現微軟從很久以前就在持續投資AI人工智慧的研發，以及一些相近的技術，例如機器學習服務、認知服務、語音助理Cortana等。因此，對公司來說，ChatGPT不過就是長期投資的多項技術之一終於開花結果。我在AI人工智慧部門的朋友也說，ChatGPT（於二〇二二年發布）其實從很久以前就在準備發布了，納德拉和比爾・蓋茲也早就看過演示。

ChatGPT一直存在資訊外洩的風險和回答準確度的疑慮，於是微軟將這些問題都納入發布調查範圍，並在ChatGPT震驚世界的發布會後不久，就推出了Azure OpenAI服務，也就是在微軟雲端上為用戶提供專門的ChatGPT後端服務，無須擔心資料外洩，完美彌補了ChatGPT的缺點，非常了不起。

微軟同時也對內部同仁公開了Azure OpenAI服務，並事先提供工程師特定的資源，例如Azure的技術文件等。不僅如此，另一項有助於編碼的GitHub服務「Copilot」，我們也從發布起就一直在使用。Copilot會建議工程師：「你現在想寫的程式碼應該是這個吧？」多虧了這項服務，我們編碼的準確度日漸提升。

微軟其實籌備許久，才於近年接連發表了幾項與辦公軟體搭配的AI功能。雖然我所在的軟體開發部門不涉及人工智慧，但卻經常舉辦與OpenAI相關的黑客松，並且逐步推薦將某些功能匯集進去。

說實話，我很讚嘆微軟並不是有勇無謀地推進這些技術，而是充分計算過資料外洩的風險後，才對用戶推出相關服務。

而大眾對於ChatGPT的反應似乎分成兩派，一派抱持正面態度：「ChatGPT太棒了！」另一派則認為ChatGPT存在資訊外洩的風險，也可能剝奪許多人的工作機會，應該禁止。面對顛覆性的新技術，我們究竟應該怎麼思考？

在AI之前，網際網路是當代影響力最大的技術革新，藉由連接世界各個角落的網路服務，掀起資訊革命，徹底改變了人際交流和產業的形式。網際網路剛問世時，大企業的反應是，「這東西就像遊戲一樣……」，現今卻成為大眾生活中不可或缺的基礎設施。

試想，如果在二〇〇〇年左右，有國家決定「禁止」網際網路，現在會是什麼樣子？想必該國所有產業都會嚴重落後，最後被世界淘汰吧。

AI也是如此，影響甚至更大。即使現在還難以判斷，但我們絕對無法想像五年後世界會變成什麼樣子，**若是以為事不關己，僅憑害怕或討厭就「禁止」或「排除」新技術，才更危險。**

當然，ChatGPT仍在發展階段，目前微軟員工在輸入資訊時，只會選擇機密性不高的使用案例（use case），處理敏感的資訊則會改用內部的封閉專用版本。**只要能掌握資訊安全的關鍵，工程師就能盡情使用AI工具，享受整合自己開發的服務與AI的樂趣。**

倘若公司擔心有人會犯下大錯而「禁止」內部使用AI，就可能因此錯失創新的機會。

新技術不是憑空冒出來的，而是專業人士日復一日不斷挑戰的結果。AI人工智慧也是建立在這樣的基礎上，歷經無數次的試驗。因此，你若是想要成為「受益於人工智慧的一方」，甚至是運用AI「創造新的東西」，就要每天使用，一點一點地累積經驗。

我現在幾乎不使用Google搜尋，而是仰賴Bing的Chat功能；如果要搜尋深度資訊或是非最新的資訊則會使用GPT4；平時編碼也會使用GPT4並以Copilot輔助；而我在Teams中傳送的訊息和文件都會利用ChatGPT審核。

從今往後，人類社會仰賴AI的領域和範圍將持續擴大。

在AI人工智慧時代，「專業能力」才是最大優勢

正在閱讀本書的ＩＴ工程師或是未來有志成為ＩＴ工程師的你，最關心的應該是這個職業是否還有前景？

ChatGPT掀起的風暴讓我確信一件事：**不受時代潮流左右，堅持追求「專業能力」的態度，才是能在AI時代屹立不搖的關鍵。**

深入思考後，我發現自己所寫的程式碼（原始程式碼），換成現階段的AI人工智慧來做，是絕對無法生成的，因為全球的樣本數幾乎是零。

現今世界上與雲端平台相關的程式碼太少，AI人工智慧幾乎找不到能學習的數據，無法準確地判斷。相反地，社會上存在大量程式碼的事物，就能由AI進行編碼。換句話說，**如果你從事的工作獨一無二，且能成為該領域的專家，原則上就無法被AI取代。**

即使將來AI人工智慧能創作出更先進的軟體，仍然會需要人類依據用途與目的來建立AI人工智慧模型（數據分析的方法），使用這些模型並將其整合（integration）到所需服務中的工作也很重要。

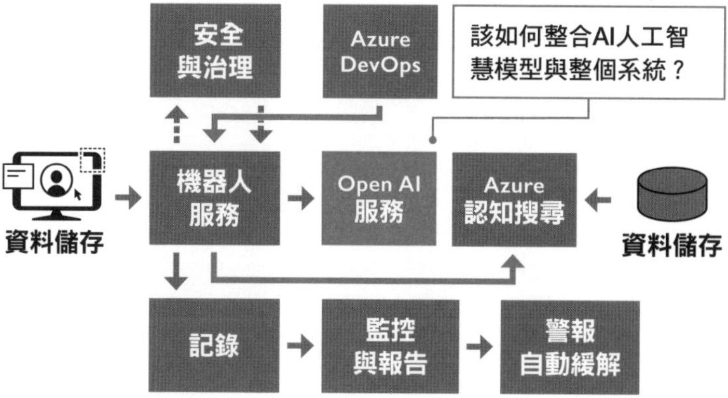

▲ 企業內部對話型機器人：結合Azure架構中心以及Open AI服務

圖 20　將 AI 模型整合進實際系統時所需的要素

即使AI人工智慧能編寫最好的程式，科技公司又要如何提供給用戶呢？所以人工整合是絕對必要的。

舉例來說，假設公司創建了Chat系統，後台是由AI人工智慧所編寫的程式，實際上要如何運作呢？AI無法自行建立Chat系統，因此必須要有人創建一個後端系統來處理大量的數據，並且確保資訊安全。

如果軟體工程師不承擔這些工作，就無法創造出可供實際使用的服務。無論AI人工智慧如何席捲全球，**軟體工程師仍然是整合技術的主角。**如果想在AI世界中創造出全新的事物，必定要藉助軟體工程師的專業能力。

AI人工智慧是電腦科學領域的一部分，AI人工智慧專家是指在這個領域中學習並實踐的人，換句話說，AI人工智慧也是在電腦中運行，也隸屬於軟體工程部門。因此，被稱為「軟體工程師」的AI人工智慧專家和數據科學家不僅關係密切，未來雙方也必定需要攜手合作。對於軟體工程師來說，**學習AI人工智慧領域的相關知識將是重中之重。**

過去，美國幾大科技巨頭（諸如亞馬遜、蘋果、谷歌及微軟等）以高薪延攬優秀的工程師，未來AI領域的巨頭崛起，應該也會採取相同的策略。屆時全球具有整合能力的專業軟體工程師、數據科學家將成為各界爭搶的對象。

持續提升專業能力，成為能夠創造出新事物的專家，將會為你帶來巨大的價值和喜悅。觀察時代的趨勢，也許偶爾會感到不安，但「專業能力」必定能成為你的武器。

以我在微軟的團隊為例，每個成員都具備強大的專業能力，因此沒有人感到慌張。他們自在地使用Copilot、成為OpenAI的付費會員，或是利用休息時間觀看「機器學習」的影片吸取新知。目的不僅是為迎接下一次科技變革奠定堅固的基礎，也能磨練自己的專業能力。

日美軟體開發產業的文化差異

「你是如何開發出ChatGPT的？」

關於這個問題，ChatGPT的開發者回答：「這是花費了七年的研究成果。」這句話令我印象深刻。工程技術必須透過日積月累才能變得強大。如果真的想創造出全新的事物，對工程師而言，時間是必要元素。

因此**在美國，業界看重的是工程師日積月累「提高專業能力」，開發速度快慢反而不受重視。**花費長時間累積微小的努力，才能創造出壓倒性的成果。

日本人雖然總是「死守交貨期限」，但軟體開發業界其實比想像中更勇於嘗試新技術，那麼，為什麼日本一直沒有推出創新性的服務，而美國卻一直走在世界尖端呢？

經過多年的思考，接下來我想要驗證我的論點：**在ChatGPT問世後，「批判文化」可能會成為日本業界的致命枷鎖。**

我即將要說的內容可能有些刺耳，但我希望大家能將之視為一種鼓勵，目的是幫助日本在軟體開發領域開花結果。

二〇二〇年六月，新冠肺炎大流行，日本發布了「確認接觸感染者」的應用程式COCOA。這是日本軟體開發業界的劃時代挑戰，讓我非常震撼。COCOA是利用智慧型手機的藍牙功能，將「用戶與其他智慧型手機使用者的社交距離」記錄在個人行動裝置上。

COCOA的開發者是日本微軟公司的廣瀨一海先生。他看到新冠肺炎引發的問題後，不禁開始思考「自己能否做點什麼」。他沒有在公司內部推動，而是發起一個開源專案（open source），集結了各國與他志同道合的夥伴共同開發。這個出於個人善意，為了解決前所未有的社會危機而開發的軟體，最後引起政府的注意並採用。

然而，在軟體發布的時候，這些做出貢獻的英雄卻被說得一文不值。部分用戶抱怨：「iOS版在首次啟動時，如果不允許使用藍牙，之後就無法更改設定」、「蘋果商店原則上禁止公開預覽版，但厚生勞動省卻表示COCOA是預覽版」等，推特用戶紛紛提出質疑，甚至大肆謾罵，「業餘人士的不專業開發」、「大學生開發的還比較好」、「以預覽版為名進行人體實驗」等。一時間，用規格上的部分瑕疵來全面否定這個應用程式，乃至否定開發者人格的推文甚囂塵上。

說實話，看到廣瀨先生的推特留言後，我哭了。

「我們努力在很短的時間內發布，壓力之大讓我們的團隊快要崩潰了」、「在發布五天前我們還在做ＡＰＩ規格變更，無論如何都要做出一個完美的成品，結果我卻被貼上差勁工程師的標籤，讓我很難受」。希望大家設身處地好好想一想，在新冠肺炎以及其他各種難以預期的情況下，只有這一群有志之士投入專案開發，之後又因為谷歌和蘋果發布了共同規格，而不得不根據那個規格進行變更，他們能夠在短時間內發布真的是令人歎為觀止。

應用程式無論由多麼優秀的團隊開發都會有缺陷，這是無可避免的，若要吹毛求疵，總能找到各種問題。而在種種限制之下還能做出這樣的品質，COCOA的最初版本真的很棒。

雖然網路上有各式各樣的批評聲浪，但政府的應對基本上值得讚揚。面對史無前例的疫情危機，政府想要完全主導一切是不可能的，恐怕就連開發費用，也是與反對派進行一番激烈抗爭之後，才爭取到預算，得以免費上架。

然而，或許是因為「新冠肺炎疫情」帶來的壓力，一些知名人士不僅大聲批評應用程式的問題，還滿不在乎地說出否定開發者人格的話語，讓我打從心底覺得難以置信。

這種情況很少在美國發生。看到日本社交媒體上令人心寒的回應，軟體開發者的心都碎了，我也十分沮喪。如果自己辛苦奉獻做出的專案遭到大肆批評，你的心情會如何？換作是我，恐怕不會再做第二次。綜觀全球，還會有哪個國家的技術人員願意幫助抱持這種批判文化的國民？

「批判文化」摧毀一切

日本近年（二〇一六年起）因推動數位身分證「個人編號卡」（My Number Card）引發風波，政府強硬的手段令人非議，國民因此而心生不滿也無可厚非。但是，**任何系統都難免有漏洞，我們只能不斷地尋求改善。**

事實上，如果能由像台灣的唐鳳一般擁有工程背景的人來主導，應該最為理想，但我覺得日本的數位廳（Digital Agency）已經很努力在各方勢力聚集的中央政府周旋了。日本政府沒有足夠的技術實力建立大規模的系統，又沒有第三方可以委託，只能交給民間大型的系統整合商（Sier）。所以數位廳不必太在意系統的瑕疵，只要不忘提高國民便利性的初衷，真誠地不斷改良即可。

日本社會過分強調「責任歸屬」和「完美」的文化，對於軟體開發產業毫無益處，甚至還會扯後腿。

遺憾的是，如今日本的軟體開發產業落後於其他國家，根據我的觀察，問題並不是工程師的素質不佳，我在日本遇過好幾個優秀的工程師，都是全球業界中的佼佼者。

那麼，問題出在哪裡？開門見山地說，**最大的弊端就是「讓開發人員心灰意冷」的批判文化。**

在日本，無論是職場上還是社會上，只要稍有失誤就會遭到眾人批判，甚至追究責任並受到懲罰。即便是為國效力的英雄，不論有多少優點，只要有一點瑕疵，就會被雞蛋裡挑骨頭。這種超出尋常的完美主義，以及對身先士卒、勇於嘗試的人無端批評、冷笑、中傷的酸葡萄心理，徹底踐踏了他們挑戰新事物的精神，不斷侵蝕本應孕育創新的土壤。

許多日本人工作的動機可能是為了金錢，但同時也希望自己被他人需要，獲得他人感激。在這樣的前提下，如果竭盡全力做出的成果受到單方面批判，甚至人格遭到否定，可能就會一蹶不振。

反觀**美國社會的「貢獻」（Contribute）文化，他們不會期待他人做些什麼，而是站在公眾的角度，思考「自己能貢獻什麼」**。因此，只要他人為自己做了一點小事，就會產生「感激」的情緒，並表達謝意。

例如，工程師發布某個應用程式後，你希望程式運作得更好，便會思考「自己能貢獻什麼」並付諸行動。不論是回報：「在這種情況下會出現這種問題」，或者是直接修改有問題部分的原始碼給協作者。如果自己什麼都不做，程式理所當然不會變好，一切都取決於自己。

而日本人向來抱持「他人做這件事情是理所當然的」、「專家做事不能有任何差錯」的觀念，用戶被視為「顧客」，且「顧客至上」，這樣的文化使得用戶逐漸「妖魔化」，開始對於微不足道的瑕疵或錯誤而生氣、過度客訴，提出不合理的要求，最後演變成消費糾紛。

用戶的嚴格要求在不同的領域可能會產生正面的影響，但美國「一切取決於自己」的文化，不但能減輕人際關係的壓力，也可以提高工作的成效。

日本的批判文化導致整個社會變得消極，生產力和活力低落，最終自取滅亡。因此，培養**「不要過度苛責他人的失敗」的文化底蘊非常重要。**

軟體開發屬於新創產業，發展的時間還很短，幾乎每週都會更新與變化，因此很難事前計畫和預估。而且這個領域非常複雜，不是一個人就能控制和掌握的。即便是專家，可能也只具備「一部分」的知識，所以需要團隊合作才能推進開發。

因為很重要，所以我要再三強調，日本社會必須學會接受「人無完人」、「不合理的事情就是不合理」。

貢獻與感謝的良性循環

即使是全球雲端系統開發第一線的工程師，軟體發布後如果出現故障，也不會因此遭到批判。在像 Azure Functions 這樣複雜的雲端系統中，或是公司內部日常使用的系統癱瘓了，開發人員也頂多嘀咕一下「哎呀，今天沒辦法工作了，出去玩好了」，沒有人會為此責備他人。

平時在工作中，團隊成員之間幾乎都是「謝謝你幫我製作這部分」、「你幫了我大忙！」這類積極正面的對話。如果有任何問題，可以發到程式碼雲端託管平台GitHub上，和團隊成員討論，大家會提出建設性的意見，沒有任何批判，最後將「這樣做不順利」、「這裡發生問題」等反饋匯總成報告，開發人員便能按照優先順序進行修正並改善應用程式。

在微軟的團隊中，每個成員具備的知識與程度不同，也都有不足的地方，大家總是在思考怎樣才能在自己的能力範圍內做得更好，所以遇到他人失敗時不會「批判」，而是會「反饋」，軟體的品質自然會逐漸提高。

因為大家都心知肚明應用程式有問題是理所當然的，所以回報問題的人和負責製作的人都會心懷感激。開發人員收到感謝，被稱讚：「做得好！」，便會產生動力想做得更好，進而創造出更符合用戶需求的產品，形成良性循環。

反觀日本公司，在內部討論的時候，總是充斥著「誰應該負責」、「應該這樣做」、「品質太差了」之類的抱怨和批評，這些話通常來自那些喜歡指手劃腳不做事的人，面對遇到困難的人只會出張嘴，還自以為是「管理」。但「追究責任」和「批判」究竟能帶來什麼進步和發展？

還不如思考「接下來該怎麼做才能更好」、「我應該怎麼做才能有所貢獻」，這樣

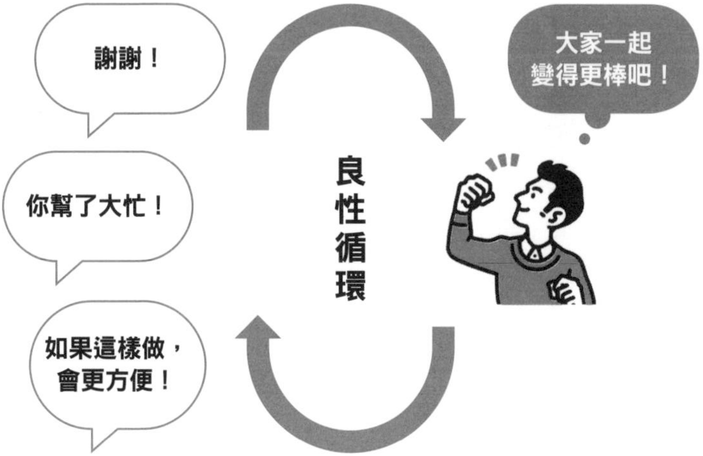

圖 21　積極正面的反饋，才能創造良性循環

反而更能看到自己「現在應該做的事情」。在日本職場上，比起第一線人員是否能夠真正執行，許多管理者更重視公司的面子以及成果是否完美。用精神主義來激勵員工，讓他們通宵達旦地趕工，死守交貨期限，這樣的「管理」放到國際職場上，一點也不專業。而從「完美主義」衍生出來的「批判」和「責任追究」，更讓日本的技術人員心力交瘁，他們可能會「再也不想這樣犧牲奉獻了」，也可能乾脆走人不幹了。在外國公司做相同的事情，可以得到更好的薪水以及同事的感謝，有熱忱又有能力的人自然會率先離開日本。

大家與其使用社群媒體來發洩情緒，

不如思考一下自己能做的「小貢獻」。如果覺得某個應用程式很棒，就試著感謝一下設計這個程式的人吧。只要多幾個感謝的聲音，就能減輕負面批評帶來的痛苦，開發人員也能變得更有效率。

說實話，我剛開始參與微軟全球雲端平台開發時，極度緊張。深怕自己一個不小心害得全球系統大當機，不僅會被罵到臭頭，後果更是不堪設想。後來我了解到「人非聖賢」，每天充滿感謝地過日子，才能開心地工作。

正因如此，美國人才輩出，很多人都想成為軟體技術人員，各國的優秀人才也都聚集到美國。各式各樣的工程師樂在自己的工作之中，就能開發出各式各樣的創新服務。

為了日本的未來著想，創造出能夠提高軟體開發人員動力的職場環境，讓工程師能開發出更多改善大眾工作和生活品質的軟體，社會整體也會變得更加進步。

不僅是軟體開發產業，日本各行各業如果都能用積極正面的反饋，來創造出良性循環，滿足第一線工作人員的內心需求，想必日本的勞動生產力將會大幅躍進。

日本軟體產業的重生之路

由松本行弘先生一手打造的程式語言「Ruby」於一九九〇年代問世，這個劃時代的程式語言至今仍在全球廣泛使用。然而在這之後，日本軟體開發業界便沒有再產出任何突出的成果，為什麼？更進一步看，一九九〇年代末期，日本電信公司NTT DoCoMo開啟了「i-mode」手機上網這個劃時代的服務，但是為什麼沒能發展成iPhone呢？

我個人認為，在i-mode推出的時代，日本各大品牌的手機在市場上都非常有競爭力，有的手機不只音樂播放器，甚至配備了電視調諧器，而海外品牌的手機則稍遜一籌。或許就是因為硬體設備壓倒性地強大，「軟體」本身並不是重點，所以成為企業發展的束縛。

反觀iPhone能有今日的成就，就是得益於對「軟體競爭」的堅持，以及成熟的設計風格和可以隨時更新的系統。說穿了，就是日本電信產業太過小看「軟體」。

我在一九九四年左右進入日本某大系統整合商工作，當時公司裡有很多技術優秀的工程師，可以自己編寫程式碼，但是隨著Java程式設計語言問世，日本大型ＩＴ企業將重心從「技術」轉移至「專案管理」，軟體技術就此開始沒落。Java徹底改變了全球程式設計產業，但很多日本企業還是沿用古老的COBOL語言，直接從客戶方取得訂單的大型系統整合商的軟體技術實力也不斷下降。

此外，大企業的優秀工程師並不是專注於培養那些能力較弱的工程師，而是想讓這些人也能設計程式，因而出現所謂「自己做出來的概念框架」的做法。對於學習過電腦科學或是有程式設計基礎的人來說，這些都沒有實際用處。

這導致了哪些結果呢？

單看個別情況，日本也有許多全球頂尖的工程師，但從平均水準來看，還不如歐洲，尤其大型ＩＴ企業的軟體技術更是停滯不前。歸根結柢，我認為最大的原因在於「不願意親自動手操作」。

我曾舉辦過推動新技術應用的國際黑客松活動，其他國家的人都能自己動手寫程式碼，只有日本人，明明是來參加黑客松的，卻不會寫程式碼，這讓我大受打擊。幾十個國家的人聚在一起，只有日本人「自己不動手」。

當然，日本大型ＩＴ企業中也有優秀的工程師，但真正擁有「權力」的都是政治手腕高強的人。實際動手做的工程師們在公司內的待遇很差，薪水也很低。**「程式設計」被視為基層工作，後來乾脆外發出去，自此日本軟體開發產業便漸漸衰退。**

從企業經營的角度來看，「管理職」能夠調動人力，進而發揮槓桿作用，看起來具有較高的投資報酬率，但實際上動手製作的是技術人員，第一線的工程師才是真正接觸到最新知識且不斷累積技術的人。

全球科技巨頭的ＣＥＯ之所以都是技術人員出身，無非是因為在第一線培養出的敏銳嗅覺對於決策有很大的助益。

「將程式設計便宜外發給承包商，就能輕鬆獲利」的商業模式讓日本大型ＩＴ企業嚐到甜頭，技術實力便開始走下坡。其實不僅是ＩＴ產業，日本許多產業都存在相同的問題。

在微軟，程式設計、產品設計、營運全部都由公司內部執行。雖然偶爾會把一部分工作委託給合作夥伴公司，但都是我們努力做好所有上游的工作後才外發，同時也會與合作夥伴公司保持密切聯繫。微軟的壓倒性優勢在於重視技術人員，而且能夠包辦從開發到營運，所有上下游的工作。

日本IT產業在過去三十年間忽視「軟體」的重要性，如今進入所有產品都需要配備軟體的時代，我們是否已經完全失去國際競爭力了呢？

在科技日新月異的AI時代，**日本應該盡快培養能「親手開發一流軟體的能力」，即使會失敗也要「挑戰國際市場」。**

第一步，就是改變輕視技術的風氣，**將軟體技術人員視為專家，予以尊重，為他們打造可以輕鬆工作的職場環境。**再來就是要延攬優秀的工程師，尤其是具有整合技術專長的軟體工程師，以及數據科學領域的AI人工智慧專家，他們是未來的競爭資本。

在美國職場中，擁有博士學位的人才非常受到重視，但在日本卻備受冷落，甚至找不到工作，或是甘於領低得離譜的月薪。日本企業普遍對這些專家太過苛刻，導致優秀人才都出走國外，外籍的高技能技術人員也不想留在日本工作。

「業餘人士」聚集在一起，是無法創造劃時代革新的。少了技術和超前的創造力，就不可能造就革命性的服務。因此，將企業組織的核心，從「擅長政治的人」轉移到「實際動手執行的人」，是今後日本企業重生的首要課題。

自己的人生，自己掌控

過去，我在試圖為日本企業導入美國的開發系統和思維模式時，常常會得到負面的反饋，「因為契約和商業習慣的問題，所以無法導入」、「因為公司有規則的限制，敝公司可能無法做到」、「我們公司員工的技術水平無法應對」、「管理層和上司無法理解，所以沒辦法」等。

但是，說出這些理由的人都把問題歸因於他人，並沒有談到自己應該怎麼做，也就是大家都將「自己的人生交給他人掌握」。

如果你真的想做這件事，即使不能完全按原樣進行，也可以從自己能做的事情開始改變。為什麼要把做不到的藉口推給「其他人」？

日本人常常認為自己無法決定自己的人生。

如果你是因為公司的規定，所以做不到，那就嘗試改變公司的規定；**實在不喜歡公司的文化，那就辭職**；覺得待在現在的公司沒有前景，可以自己創業，或去國外工作。

說得難聽一點，就是因為沒有勇氣去做麻煩的事，你才會「選擇安於現狀」。

我覺得海外與日本工作團隊最大的差異在於「每個人看起來都很幸福」，開心地享受人生和工作。**該怎麼做才能讓你的人生變得幸福，關鍵在於自己主動思考，自己「選擇」工作的方式。**

如果你的工作很無趣、很痛苦，卻還拚命「忍耐」，那我希望你以這本書為契機，徹底捨棄這種「忍耐就好」的想法。

我一直到三十多歲都還無法跳脫日本的忍耐思維，直到我認識了系統開發營運暨顧問公司SonicGarden的負責人倉貫義人，才徹底改變自己的價值觀。

當時日本業界還在找各式各樣的藉口，像是「要如何用敏捷式開發來承包合約」、「部長這樣那樣」、「商業習慣怎樣怎樣」等，倉貫義人就已經果斷決定自己創立公司，打造理想的工作環境。他的思考方式簡單直接，而且二話不說付諸實行。

我從他身上學到「自己選擇並付諸實踐」。那時我正在日本經營一間顧問公司，觀察周圍的經營者後，我發現許多人雖然賺了很多錢，卻一點也不幸福。因為工作總是很忙，人看起來也很疲憊。我恍然大悟賺錢和成功與幸福一點關係也沒有，於是我下定決心，選擇能讓自己幸福的道路，大步向前。

我的唯一指導方針就是「絕對不做自己不想做的事，如果覺得討厭，隨時可以放棄」。從此我變成一個「因為自己喜歡才做」的人，在我的人生中，不再有他人強迫我做的事。

當然偶爾也會不順利或是失敗，但只要自己不斷地思考、選擇，就能朝著幸福的方向前進，而我就是這樣來到現在的工作崗位，我感到非常幸福，即使沒有獲得現在的職位，我也不會改變初衷。

因為我確信，掌握我人生的，不是金錢和地位，而是我自己。為了能變得幸福，我做出對自己最好的選擇。

最後，我想告訴大家，**「自己掌控人生，為自己的幸福負責」**。這樣思考能正面影響你如何工作、如何生活，也有助於提高你的生產力。

不要「因為這是公司規定」、「因為上司這麼說」而停止思考，或是以此約束自己，對你有害無益。如果人人都因為日本與他國的商業習慣不同而認為做不到，或是被上司反對就放棄，那麼這本書想要傳達的概念就付諸流水了。

倘若自主思考、自主選擇的人能不斷增加，現今日本的職場和產業困境一定可以獲得改善。

人生是自己的。自己決定工作方式，並享受工作。自己思考，做出選擇，變得更幸福吧！

如果這本書能對大家有所幫助，我會非常開心。

後記

本書是文藝春秋的山本浩貴先生在閱讀我的部落格以及note後，邀請我參加的企畫。我希望將自己在國外體驗到的「能感到幸福的工作方式」推廣至日本，希望更多的人覺得「工作是快樂的」，於是我答應參加這項企畫。

對我來說，能夠在夢寐以求的環境中，周圍有一群優秀的同事，做著自己理想的工作，是非常幸運的。作為工程師，撰寫這本書的優勢是，我原本就在日本從事軟體開發顧問工作，對各種類型的公司組織、導入新開發模式的問題都有真正的了解。

因此，本書不僅是在介紹國際團隊的工作經驗，也是根據日本企業環境的實際情況，告訴大家為什麼必須這麼做，以及如何實踐。如果有人對本書所述的各種方法論感到不知所措，最後我想傳達給大家的是，本書介紹的工作方法，與其說是要做哪些事的「加法思維」，倒不如說精髓在於「停止做〇〇」的減法策略，讓工作變得更輕鬆。

「停止過度使用大腦」、「停止準備」、「停止把工作帶回家」、「停止處理多任務」、「停止塞入過多訊息」、「停止過度管理」、「停止批判和否定」。

當你將工作上的枷鎖一個一個卸下時，你的大腦就會獲得驚人的空間，身心變得輕鬆，工作上也會有飛躍性的表現。

我由衷地希望這樣的體驗能在日本逐漸普及，讓「快樂的工作方法」、「高效的工作方式」能成為一種文化。

老實說，日本是全世界最適合居住的地方。日本的治安非常好、食物也美味、醫療費用便宜、交通便利，也不會輕易發生動亂。但是，在日本，只有「工作」無法讓人感到幸福。每個人都皺著眉頭，長時間忍受著工作帶來的巨大壓力。

在國際團隊學到的東西讓我眼花撩亂，是我在日本工作時從未有過的體驗。那種友善而富有生產力的職場環境，是由各種要素相互作用所形成的，包括：工作成員的態度、公司的團隊結構、文化背景等。無論哪一種，都是日本人可以模仿的。

我相信，如果日本的職場能夠成為「讓員工幸福」的地方，並與日本人細膩的感性跟堅忍不拔的探索精神融合，日本的技術實力一定會再次在世界上占有一席之地。

最後，我要衷心感謝在本書中登場的 Azure Functions 團隊成員，謝謝你們總是幫助我，多虧大家，現在的我才能實現自己的夢想。也要感謝我的導師克里斯，他總是給我很多啟發。

我也要感謝山本先生，他將我雜亂的文字整理得便於讀者理解，並將其整理成書。

希望大家都能邁向幸福！

牛尾剛

野人家 237

高效偷懶

『世界一流工程師』都在用的AI時代思考法

世界一流エンジニアの思考法

作　　者　牛尾剛
譯　　者　陳聖傑
插　　畫　docco

野人文化股份有限公司
社　　長　張瑩瑩
總 編 輯　蔡麗真
責任編輯　陳瑾璇
協力編輯　余純菁
專業校對　林昌榮
行銷經理　林麗紅
行銷企畫　李映柔
封面設計　萬勝安
美術設計　洪素貞

出　　版　野人文化股份有限公司
發行平台　遠足文化事業股份有限公司（讀書共和國出版集團）
地址：231 新北市新店區民權路 108-2 號 9 樓
電話：（02）2218-1417　傳真：（02）8667-1065
電子信箱：service@bookrep.com.tw
網址：www.bookrep.com.tw
郵撥帳號：19504465 遠足文化事業股份有限公司
客服專線：0800-221-029
法律顧問　華洋法律事務所　蘇文生律師
印　　製　博客斯彩藝有限公司
初　　版　2024 年 12 月

歡迎團體訂購，另有優惠，請洽業務部（02）22181417 分機 1124

國家圖書館出版品預行編目（CIP）資料

高效偷懶：「世界一流工程師」都在用的 AI 時代思考法 / 牛尾剛作 ; 陳聖傑譯 . -- 初版 . -- 新北市 : 野人文化股份有限公司出版 : 遠足文化事業股份有限公司發行 , 2024.12
　面；　公分 . -- (野人家 ; 237)
譯自 : 世界一流エンジニアの思考法
ISBN 978-626-7555-36-1(平裝)
ISBN 978-626-7555-34-7(PDF)
ISBN 978-626-7555-35-4(EPUB)

1.CST: 職場成功法 2.CST: 工作效率 3.CST: 思維方法

494.35　　113018864

野人文化官方網頁　**野人文化讀者回函**

高效偷懶

線上讀者回函專用 QR CODE，你的寶貴意見，將是我們進步的最大動力。